百年工程 千秋大业

——南水北调工程水资源费和供水成本控制研究

姬鹏程 张璐琴 孙凤仪 等 ◎ 著

首都经济贸易大学出版社
Capital University of Economics and Business Press
·北 京·

图书在版编目（CIP）数据

百年工程　千秋大业：南水北调工程水资源费和供水成本控制研究/姬鹏程等著.
--北京：首都经济贸易大学出版社，2017. 11

ISBN 978 - 7 - 5638 - 2711 - 4

Ⅰ. ①百…　Ⅱ. ①姬…　Ⅲ. ①南水北调—水利工程—水资源—费用—征收—研究 ②南水北调—水利工程—供水管理—成本控制—研究　Ⅳ. ①TV68

中国版本图书馆 CIP 数据核字（2017）第 236351 号

百年工程　千秋大业——南水北调工程水资源费和供水成本控制研究
姬鹏程　张璐琴　孙凤仪等　著

责任编辑　彭伽佳
封面设计　风得信·阿东 FondesyDesign
出版发行　首都经济贸易大学出版社
地　　址　北京市朝阳区红庙（邮编 100026）
电　　话　（010）65976483　65065761　65071505（传真）
网　　址　http：//www. sjmcb. com
E - mail　publish@ cueb. edu. cn
经　　销　全国新华书店
照　　排　首都经济贸易大学出版社激光照排服务部
印　　刷　北京九州迅弛传媒文化有限公司
开　　本　710 毫米×1000 毫米　1/16
字　　数　264 千字
印　　张　15
版　　次　2017 年 11 月第 1 版　2017 年 11 月第 1 版第 1 次印刷
书　　号　ISBN 978 - 7 - 5638 - 2711 - 4/TV · 1
定　　价　48. 00 元

图书印装若有质量问题，本社负责调换

本书为国务院南水北调办 2015 年课题“南水北调工程受水区地下水
水资源费征收标准研究”与 2016 年课题“南水北调工程运行
初期供水成本控制机制研究”的研究成果

“南水北调工程受水区地下水水资源费征收标准研究”课题组主要成员

课题负责人： 姬鹏程　张璐琴

课题组成员： 汪习文　蒋同明　李晓琳　赵雪峰　于　娟

“南水北调工程运行初期供水成本控制机制研究”课题组主要成员

课题负责人： 姬鹏程　孙凤仪

课题组成员： 李红娟　蒋同明　赵雪峰　李晓琳　杨晋强

前　言

作为党中央、国务院决定兴建的合理配置水资源的重大战略性基础设施和事关全局、保障民生的民心工程，南水北调工程对缓解北方地区水资源供需矛盾有着特别重大的意义。东、中线一期工程通水后，南水北调工程进入由工程建设管理向运行管理全面转型开拓的关键期。新的供水格局不仅给受水区带来了新的发展机遇，也为受水区减少地下水开采量、使地下水生态环境得到修复和改善提供了可能。然而，目前大部分受水区地下水水资源费仍未调整到位，受水区城市生产生活用水大部分仍靠超采地下水来维持。目前南水北调工程各级运行管理主体虽然在探索工程运行管理模式方面取得了积极进展，但是工程运行管理仍面临着一系列挑战，维护成本高、还贷压力大、部分地区实缴水费远不能覆盖成本等问题比较突出，迫切需要研究制定合理的受水区地下水水资源费，形成压采地下水、保护地下水资源的长效机制；需要研究如何合理控制供水成本，充分发挥工程的经济、社会效益，努力实现南水北调工程安全、平稳、高效运行。

《百年工程　千秋大业——南水北调工程水资源费和供水成本控制研究》一书分为上、下两篇，上篇为南水北调工程受水区地下水水资源费征收标准研究，下篇为南水北调工程运行初期供水成本控制机制研究。

南水北调工程受水区地下水水资源费征收标准研究，在对南水北调工程受水区地下水水资源费征收标准现状和国内外相关经验进行系统梳理分析的基础上，重点从不同水源的可替代性、水资源的使用权、本地水与外调水水资源的优化配置、用水户的可承受能力 4 个角度来研究受水区地下水水资源费征收标准的适度区间，目的是通过市场手段调节受水区的用水结构，形成压采地下水、保护地下水资源的长效机制。

上篇由总论篇和专题篇组成。总论篇包括 7 个部分：第 1 章导论，介绍水资源费的相关概念、理论基础以及本书的研究范围；第 2 章分析南水北调受水区水资源费征收的现状、特征和主要问题；第 3 章介绍典型国家运用经济手段保护地下水资源的经验；第 4 章分析地下水水资源费征收标准的适度区间；第 5 章提出南水北调受水区地下水水资源费征收标准的确定原则、基本思路及目标；第 6 章是南水北调受水区地下水水资源费征收标准调整的主要内容；第 7 章是完善南水北调受水区水资源费的配套措施。

专题篇由两个专题组成，从理论基础到实践经验总结，资料翔实丰富，分析客观全面，为总论篇研究受水区地下水水资源费征收标准调整提供了有力支撑。专题一是“十三五”时期全国水资源费征收标准的制定及调整；专题二是南水北调工程受水区地下水水资源费征收标准调研报告，是课题组基于对山东、河北等地水资源费征收改革的调研形成的。

南水北调工程运行初期供水成本控制机制研究，从调水工程供水成本控制研究的综合视角，在梳理南水北调工程运行初期供水成本控制的现状和比较借鉴国内外相关经验的基础上，提出了南水北调工程运行初期供水成本控制的目标、基本思路和基本原则，主要从制度规范、流程优化、预算管理、技术创新等方面，有针对性地提出南水北调工程运行初期供水成本控制的主要举措。

下篇由总论篇和专题篇组成。总论篇包括 7 个部分：第 10 章导论，介绍供水成本控制的相关概念、理论依据和研究意义；第 11 章分析南水北调工程运行管理的特点；第 12 章分析南水北调工程运行初期供水成本控制的现状与问题；第 13 章介绍典型国家调水工程运行成本控制经验借鉴；第 14 章介绍典型行业企业运行成本管理与控制经验借鉴；第 15 章提出南水北调工程运行初期供水成本控制的目标、思路和原则；第 16 章是南水北调工程运行初期供水成本控制的主要举措。

专题篇由 4 个专题组成，从理论基础到实践经验总结，资料翔实丰富，分析客观全面，为总论篇研究南水北调工程运行初期供水成本控制的主要举措提供了有力支撑。专题一是南水北调工程中线建管局河南分局、东线江苏水源公司供水成本控制机制调研报告；专题二是引黄济青工程、广东粤港供水公司成本控制情况调研报告；专题三是中国石油西气东输管道（销售）公司成本管控调研报告；专题四是高速公路运营公司成本控制与管理经验。

目　　录

上篇：南水北调工程受水区地下水水资源费征收标准研究

总论篇

专题篇

下篇：南水北调工程运行初期供水成本控制机制研究

总论篇

专题篇

上篇 南水北调工程受水区地下水水资源费征收标准研究

总 论 篇

1 导论

1.1 问题的提出

南水北调工程是缓解我国北方水资源严重短缺局面的重大战略性工程。根据国务院批准的《南水北调工程总体规划》和南水北调（东、中线）一期工程项目设计报告等内容，我国南水北调（东、中线）一期工程涉及北京、天津两个直辖市和河北、河南、江苏、山东 4 省的 36 个地级行政区。中线工程可以通过水源置换，减少地下水开采量，使地下水生态环境得到休养，但目前受水区城市生产生活用水大部分还是来自超采地下水。取用地下水成本低廉，利用南水北调水成本高昂，用水户出于成本和效益考虑，导致南水北调水用不完而地下水继续超采的倒挂现象出现，造成南水北调工程投资浪费和受水区生态环境继续恶化。因此，必须严格执行地下水压采，通过市场手段调节水资源使用。但是，严控地下水超采不能仅靠行政命令，需要制定合理的受水区地下水水资源费，通过市场手段调节受水区的用水结构，形成压采地下水、保护地下水资源的长效机制。

1.2 水资源费征收标准相关概念辨析

水资源费是指水资源的所有者（政府）为了实现自身的所有权，对水资源进行有效的保护和合理的开发利用，使其处于永久的平衡和稳定状态，而对用取水工程或者设施直接从江河、湖泊或者地下取用水资源的单位和个人征收的一定货币额。水资源费体现了水资源所有者与使用者之间的经济关系，是水资源有偿使用的具体表现，也是水资源经济价值的直接体现。

斯蒂芬·梅里特（Stephen Merrett）从政治经济学角度对取水费（water abstraction charges，相当于我国的水资源费）进行了研究，认为取水费作为水资源租金的一种形式，是政府在水资源管理中的重要经济工具。[①] 国家征收水资源费，主要目的有两个：一是维护国家的水资源所有权；二是促进水资源的合理利用。目前，我国的水资源费兼具“双重属性”：一方面，水资源费主要用于加强水资源宏观管理，是合理开发、利用、保护水资源必须付出的劳动消耗，是用水单位或个人对水资源主管部门提供服务的补偿，属于费的范畴；另一方面，征收水资源费的主要宗旨是利用经济杠杆厉行节约用水，遏制用水浪费现象，加强水资源的管理与保护，即水资源费还承担着类似税收的经济调节作用。

1.2.1　水资源费与水费、水价

水资源是一种自然资源，不是劳动创造的，没有劳动价值，也没有劳动价值转化而成的价格，它是国家和人民的宝贵财富，但不是商品。水资源的时空分布与社会用水的时空要求差异很大。水利供水工程就是按照工农业发展和人民生活的需要，通过蓄、泄、引、提等工程手段，为社会提供水源。水利工程所供的水，从经济意义上讲，已经不是天然状态的水资源，而是经过投入劳动和物化劳动加工后的水，具有价值，具有商品属性。因此，水利供水工程单位对用水户收取水费是天经地义的。

征收水资源费的主要宗旨，是利用经济杠杆厉行节约用水，遏制用水浪费现象，加强水资源的管理与保护。同时，水资源费也是用水单位对水资源主管部门提供服务的补偿。在水资源开发利用之前，必须对自然资源进行调查、勘测、评价和研究等，在开发利用后还有许多附加劳动支出，如对地下水的补源、回灌和保护等，这些劳动消耗的利、偿构成了水资源费的基础。水资源费既不同于水费，也不同于税收，而是水

---

① Merrett S. The Political Economy of Water Abstraction Charges. Review of Political Economy, 1999, 11 (4): 431-442.

资源开发利用特性决定的附加费用支出，属于间接成本。

概括而言，水资源费是对自然资源实行有偿使用的行政性收费，水费是供水单位的经营性收费；水资源费在收取的时候称为“征收”，而水费在收取的时候称为“计收”；水资源费在支付的时候称为“交纳”，而水费在支付的时候称为“缴纳”。

水资源费与水费之间的关系如图 1.1 所示。

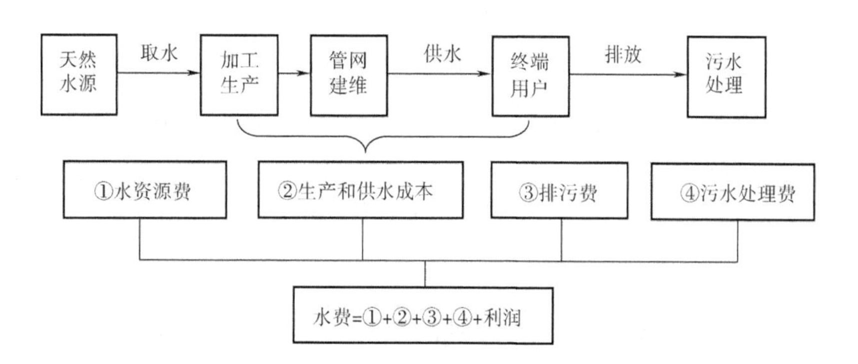

图 1.1 水资源费与水费关系图

水价是一个被广泛使用但没有严格界定的概念，通常所说的水价实际上是指水服务价格，即供水和污水处理的价格。水费 = 水价 × 用水量。水价是政府定价，水资源费包含在水价里。根据水管理学基本理论，水管理由水资源管理、水服务管制和水环境管理三部分构成。水资源管理是对人工水循环与天然水循环之间发生的取水活动的管理；水环境管理是对人工水循环与天然水循环之间发生的排水活动的管理；水服务管制则是对人工水循环的管理（沈大军，2004）。水管理的 3 个内容决定了水价制定中的 3 个重要方面，即水资源费制定、水服务（供水和污水处理服务）价格制定以及排污费的制定。水资源费的制定体现的是合理开发利用水资源的经济激励，水资源费和排污费的制定属于社会和环境管制的范畴，水服务价格的制定则属于经济管理的范畴。因此，水资源费是指由于取水行为而发生的费用，在性质上属于资源稀缺租金的表现。水资源费与一般意义上的水价（面向终端用水户）是有区别的。《水资源费征收使用管理办法》指出：“水资源费属于政府非税收入，全额纳入财政预算管理。”

1.2.2　水资源费、水权转让费与水权价格

水权转让是指水资源使用权转让，以明晰水资源使用权为前提，所转让的水权必须依法取得。水权转让费是指所转让水权的价格和相关补偿。水权价格则是用水权的转让价格，通俗地说，就是水的配额价格或用水指标的价格。

水权价格与水资源费的区别有以下3点：第一，价值表现的内容不同。水资源费所表现的是国家对水资源的所有权要求；水权价格表现的是用水配额所有者对转让这种配额所获收益的要求。用水配额所有者转让的可以是自然水或资源水，也可以是工程水。第二，价格决定的基础不同。决定水资源费征收标准的主要依据是水资源再生产的社会成本；而决定水权价格的主要依据是该部分水为购入者带来的预期收益或使卖出者遭受的损失。第三，价格形成的制度不同。水资源费是国家对公共资源所有权的要求，征收标准由国家决定，即国家定价；水权价格的主要依据是该部分水为购入者带来的预期收益或给卖出者带来的损失，因而价格水平要由买卖双方协商决定，即市场调节。

1.2.3　水资源费与水资源税

理论上讲，税与费的区别主要有3点：一是税反映的是一种法律关系，是国家凭借政治权利，通过立法强制无偿固定取得的一部分国民收入；费则是对政府提供有关行政服务的补偿，反映的是一种等价服务关系。二是税收需要经过严格的立法程序，依据正式的税收程序，依据正式的税收立法而征收；收费一般只需要通过行政程序即可，其法律的权威程度无法与税收相比。三是税的征收主体是代表政府的各级税务机关、海关等，费的征收主体是其他行政机关和事业单位。另外，费用一般可以纳入成本，转嫁给用户，而税收一般计入利润，由企业负担。

国家凭借其对水资源的所有权，根据有关的法律规定强制性地对使用水资源的经济组织和个人收取一定的水资源费，看似收税，但实际上水资源费与一般的税收还是有区别的：水资源的开发利用者按规定申请取得取水许可证并交纳水资源费，相应地就取得了水资源的使用权，这

与大部分税收的无偿征收是不同的。水资源费是由有关行政部门收取的，专款专用，而税收是由税务部门收取的，款项全部上缴国库。

资源税是为了保护和促进国有自然资源的合理开发与利用、适当调节资源级差收入而征收的一种税收。它是以各种应税自然资源为课税对象，为了调节资源级差收入并体现国有资源有偿使用而征收的一种税。资源税在理论上可区分为对绝对矿租课征的一般资源税和对级差矿租课征的级差资源税，体现在税收政策上就叫作“普遍征收，级差调节”，即开采者开采的所有应税资源都应缴纳资源税；同时，开采中、优等资源的纳税人还要相应多缴纳一部分资源税。资源开发条件好，开发者所花的成本小，获利大，就要多缴纳资源税；反之，开发者就可以少缴纳资源税。在这点上，水资源费与资源税是类似的。但从征收水资源费的目的——节约用水、合理用水来看，水资源丰富的地区，水资源费的标准应低一些，而在水资源紧缺的地区，水资源费的标准应高一些，这又与资源税不太一致。

实践中，水资源费征收的随意、无序、规范性差等弊端已成为制约水资源合理开发利用的重要因素之一。因此，应理清税与费的关系，将目前水资源费兼具的“双重属性”区分开来，划清两者的界限，分开征收。承担经济调节职能的部分以水资源税的形式征收，其正式性、强制性、权威性有助于促进水资源的高效配置；对体现水资源产权、稀缺性以及水资源主管部门服务补偿的部分，则仍然以价或费的形式进行征收。

1.3　征收水资源费的理论依据

1.3.1　水资源的产权属性

水资源产权是水资源的财产权利。在我国，水资源属于国家所有，水资源的开发利用者并不是所有者，水资源开发利用者获得了开发利用国家所拥有的水资源的使用权，并从开发利用活动中受益，应向水资源的所有者支付补偿。因此，水资源费是国家所拥有的水资源在使用和收益转让过程中的经济体现。

1.3.2　水资源的稀缺性

相对于人类不断增长的需求来说，人类可利用的水资源量极其有限。由于水资源的稀缺性，水成为一种经济物。水资源费本质上是一种资源水价，而资源水价是流域和国家水资源稀缺程度的体现，是政府用以调节水资源总量供需的手段。水资源的稀缺性使一方在使用一定量的水资源时，必然占用这一定量水资源可能用于其他用途时的收益，这部分收益就是使用水资源付出的成本。

1.3.3　水资源的投入补偿

在水资源开发利用前，需要劳动和资金的投入，对资源的数量、质量以及开发利用条件等进行调查、研究和规划。对水资源来讲，主要是水文监测、水利规划、资源保护等各种前期的投入。根据我国《水法》第 48 条规定的水资源有偿使用制度，按照水资源的有偿使用和专款专用原则，我国水资源费的征收是以投入的补偿为前提的。

1.4　研究范围界定

《南水北调工程供用水管理条例》规定，受水区各省、直辖市人民政府应统筹考虑南水北调工程的水价与地下水水资源费征收标准，鼓励受水区使用调入的南水。本书立足于南水北调受水区，着眼于全国，在对受水区地表水和地下水水资源费征收标准、自备水水资源费征收标准、南水北调水水价、当地地表水终端水价、其他水源（引黄水）水价等进行系统比较和分析的基础上，结合南水北调受水区地下水超采情况及全国其他地区的地下水保护现状，分地区、分情况提出地下水水资源费征收标准的确定原则及合理区间，并结合价格改革整体进展情况，提出地下水水资源费征收标准改革的基本思路及政策建议。

2 南水北调受水区水资源费征收现状及问题

南水北调受水区水资源费征收及调整工作已经全部展开，但从征收体系的制定和征收效果来看，尚未达到通过水资源费调节受水区用水行为、缓解北方地区水资源供需矛盾的目的。特别是南水北调工程通水后，受水区将形成外调水和本地水、地表水和地下水、常规水和非常规水共存的水资源配置格局，迫切需要通过水资源费理顺各类水价格。用好价格调节机制，推动用水置换，已经迫在眉睫。

2.1 南水北调受水区水资源费征收政策及征收标准梳理

2.1.1 国家层面

2006 年 2 月 21 日，国务院颁布《取水许可和水资源费征收管理条例》（国务院令第 460 号，下文简称《条例》）。该《条例》明确了领取取水许可证、交纳水资源费是取得取水权的两个必要条件，明确了水行政主管部门负责水资源费征收的主体地位。2008 年 11 月 10 日，财政部、国家发展改革委、水利部联合印发了《水资源费征收使用管理办法》（以下简称《办法》），于 2009 年 1 月 1 日起执行，标志着我国水资源管理及有偿使用制度进一步完善，成为节约、保护和管理水资源的重要保障。《办法》规定，除《水法》以及《条例》规定的不征收水资源费的情况以外，都要缴纳水资源费。水资源费属于政府非税收入，全额纳入财政预算管理，专项用于水资源节约、保护和管理 9 大类工作。水资源费由县级以上地方水行政主管部门按照取水审批权限负责征收，上级水行政主管部门可以委托下级水行政主管部门征收，征收标准由各省、自治区、直辖市价格主管部门会同同级财政部门、水行政主管部门确定。

2013 年 1 月，国家发展改革委、财政部、水利部出台《关于水资源费征收标准有关问题的通知》（发改价格〔2013〕29 号，下文简称 29 号文），6 个受水区“十二五”期间最低水资源费标准已经明确（表 2.1）。同时，29 号文对各地制定水资源费标准的基本原则加以明确，包括：反映不同地区水资源禀赋状况，促进水资源的合理配置；统筹地表水和地下水的合理开发利用，防止地下水过量开采，促进水资源特别是地下水资源的保护；支持低消耗用水，鼓励回收利用水，限制超量取用水，促进水资源的节约；考虑不同产业和行业取用水的差别特点，促进水资源的合理利用；充分考虑当地经济发展水平和社会承受能力，促进社会和谐稳定。

表 2.1　“十二五”末南水北调受水区水资源费最低征收标准

单位：元/米^3

	地表水水资源费平均征收标准	地下水水资源费平均征收标准
北京	1.6	4
天津	0.5	2
山东	0.4	1.5
河北	0.4	1.5
河南	0.4	1.5
江苏	0.2	0.5

资料来源：国家发展改革委、财政部、水利部《关于水资源费征收标准有关问题的通知》（发改价格〔2013〕29 号）。

2014 年 12 月，就南水北调中线一期主体工程运行初期供水价格政策下发通知，规定：“水源工程综合水价为每立方米 0.13 元（含税，下同），干线工程河南省南阳段、河南省黄河南段（除南阳外）、河南省黄河北段、河北省、天津市、北京市各口门综合水价分别为每立方米 0.18 元、0.34 元、0.58 元、0.97 元、2.16 元、2.33 元。”

2.1.2　南水北调受水区各省（市）层面

（1）北京市。自 2014 年 5 月 1 日起，根据《北京市发展和改革委员会关于调整北京市非居民用水价格的通知》（京发改〔2014〕884 号）和

《北京市发展和改革委员会关于北京市居民用水实行阶梯水价的通知》（京发改〔2014〕865号）的要求，北京市调整全市非居民用水价格和居民用水价格。伴随着水价的上调，水资源费也进行了调整（表2.2和表2.3）。

表2.2　北京市居民用水阶梯水价

供水类型	阶梯	户年用水量（立方米）	水价（元/米^3）	其中		
				水费（元/米^3）	水资源费（元/米^3）	污水处理费（元/米^3）
自来水	第一阶梯	0～180（含）	5	2.07	1.57	1.36
	第二阶梯	181～260（含）	7	4.07		
	第三阶梯	260以上	9	6.07		
自备井	第一阶梯	0～180（含）	5	1.03	2.61	1.36
	第二梯阶	181～260（含）	7	3.03		
	第三阶梯	260以上	9	5.03		

注：1. 执行居民水价的非居民用户，水价统一按每立方米6元执行，其中，自来水供水的水费标准为每立方米3.07元，自备井供水的水费标准为每立方米2.03元，水资源费和污水处理费按阶梯水价相应标准执行。

2. 此处水费概念直接引自北京市发改委《关于北京市居民用水实行阶梯水价的通知》，与本书第一章分析不同，特指供水费用，与其他地区的“基本水价”概念同用。

3. 执行居民水价的非居民用户用水范围：学校教学和学生生活用水；向老年人、残疾人、孤残儿童开展养护、托管、康复服务的社会福利机构用水；城乡社区居委会公益性服务设施用水；政府扶持的便民浴池用水；园林、环卫所属的非营业性公园、绿化、洒水、公厕、垃圾楼用水。具体学校以市教育部门按相关规定认定为准；社会福利机构和城乡社区居委会公益性服务设施以市民政部门按相关规定认定为准；便民浴池以市商务部门会同市水务部门按相关规定认定为准。

资料来源：《北京市发展和改革委员会关于北京市居民用水实行阶梯水价的通知》（京发改〔2014〕865号）。

（2）天津市。自2015年11月1日起，天津市实施新的居民用水价格标准。市内6区、环城4区和静海区的“一户一表”居民用户实行阶梯水价。居民用水水资源费统一为1.39元/米^3，与之前的标准相比并无调整（具体标准如表2.4所示）。天津现行地下水水资源费标准自2011年11月1日起实行，市内6区、环城4区和滨海新区的地下水水资源费征收标准，城市公共供水管网覆盖范围内的地下水水资源费征收标准为

5.80 元/米^3；公共供水管网未覆盖区域的地下水水资源费征收标准为 5.20 元/米^3。天津市的地下水水资源费征收标准在南水北调受水区中最高。

表 2.3　北京市非居民用水阶梯水价　　单位：元/米^3

用户类别	水价	其中			备注
		水费	水资源费	污水处理费	
非居民	7.15	3.52	1.63	2	自来水供水
		2.54	2.61	2	自备井供水
特殊行业	160	4	153	3	

注：自 2015 年 1 月 1 日起，非居民用户水价由每立方米 7.15 元调整为 8.15 元，其中，污水处理费由每立方米 2 元调整为 3 元，水费和水资源费标准保持不变。

资料来源：《北京市发展和改革委员会关于调整北京市非居民用水价格的通知》（京发改〔2014〕884 号）。

表 2.4　天津市居民用水价格表

用户类别	阶梯	户年用水量（立方米）	水价（元/米^3）	其中		
				基本水价（元/米^3）	水资源费（元/米^3）	污水处理费（元/米^3）
“一户一表”居民用户	第一级	0～180	4.9	2.61	1.39	0.9
	第二级	181～240	6.2	3.91		
	第三级	240 以上	8	5.71		
合表居民用户			4.9	2.61		
学校、社会福利机构等非居民用户			5.55	3.26		

（3）河北省。河北省自 2014 年 1 月 1 日起执行新调整的水资源费征收标准，具体标准为设区城市执行统一标准、县级城市及以下执行较低标准。截至 2014 年年底，河北省全省 173 个市县已全部按规定执行了新的标准。河北省对不同用水征收标准分为 7 大类，包括直取地表水、城市供水企业、自备井水、地热水、矿泉水、地温空调、矿井疏干水。调整幅度最大的是自备井水、地热水和矿泉水。设区市自备井水、地热水和矿泉水由 1.30 元/米^{3}调整为 2.00 元/米^3；县级自备井水、地热水和矿

泉水由0.70元/米^{3}调整为1.40元/米^3。此外，为了更好地使用南水北调水，河北省发布了《关于南水北调配套工程实行过渡水价的通知》（冀价经费〔2015〕199号），实行超额累减过渡水价。①

（4）河南省。根据《关于调整我省水资源费征收标准的通知》（豫发改价管〔2015〕1347号），自2015年12月1日起，河南省将实行新的水资源费征收标准。城镇公共供水用户水资源费标准统一调整为：居民生活用水0.35元/米^3，非居民用水0.4元/米^3，特种行业用水0.8元/米^3。自备取用水户分三区②进行调整：自备取用地表水，一般工商业等，一区0.4元/米^3、二区0.45元/米^3、三区0.50元/米^3。特种行业（洗浴、水上乐园、滑雪、高尔夫球场、洗车等）在上述标准的基础上增加一倍计征。自备井取用地下水具体分类、征收标准如表2.5所示。

（5）山东省。目前，山东省水资源费征收标准未全部到位，山东省正在按照29号文进行调整，但现行水资源费征收标准基本上未做调整，加上经济发展放缓，价格较高的工业、经营服务业用水量增幅小，价格较低的居民用水增幅正常。当前执行的居民水资源费征收标准为地表水0.357元/米^3，地下水0.73元/米^3；非居民地表水水资源费0.387元/米^3；特种行业地表水水资源费0.453元/米^3。2014年12月，山东省下发《物价局、省财政厅、省水利厅关于加快推进水资源费标准调整工作的通知》（鲁价格一发〔2014〕156号），明确2015年年底前按照国家的要求将水资源费调整标准落实到位，全省平均征收标准不得低于国家规定的最低平均标准，即：地表水水资源费平均征收标准调整至不低于

① 南水北调水厂以上配套工程实行超额累减水价。2015年免收市、县引用江水的水费，产生的费用计入水厂以上输水工程建设成本（不包括未引用江水部分国家干线工程基本水费）。2016年，最低用水计划内水量，水价按2.00元/米^{3}执行；超过规划分配20%～40%的水量，水价按1.76元/米^{3}执行；超规划分配40%的水量，水价按1.50元/米^{3}执行。2017年，最低用水计划内水量，水价按2.15元/米^{3}执行；超过规划分配30%～50%的水量，水价按1.76元/米^{3}执行；超过规划分配50%的水量，水价按1.50元/米^{3}执行。2018年，最低用水计划内水量，水价按2.30元/米^{3}执行；超过规划分配40%～60%的水量，水价按1.76元/米^{3}执行；超过规划分配60%的水量，水价按1.50元/米^{3}执行。

② 一区为南阳、信阳、驻马店、平顶山、漯河、商丘、周口和邓州、固始、新蔡、永城、汝州、鹿邑等；二区为开封、新乡、濮阳、安阳、焦作、鹤壁、济源和兰考、长垣、滑县等；三区为郑州、洛阳、许昌、三门峡和巩义、灵宝等。

每立方米0.40元；地下水水资源费平均征收标准调整至不低于每立方米1.50元。现行具体标准详如表2.6所示。

表2.5 河南省自备井取用地下水具体分类与分区标准

单位：元/米³

取水分类		一区		二区		三区	
		省辖市	县（市）	省辖市	县（市）	省辖市	县（市）
居民生活类	城镇公共供水管网覆盖范围内	1.8	0.9	2.0	1.0	2.2	1.1
	城镇公共供水管网覆盖范围外	1.5	0.8	1.7	0.9	2.0	1
工商业及其他类	城镇公共供水管网覆盖范围内	2.3	1.1	2.5	1.2	2.8	1.3
	城镇公共供水管网覆盖范围外	1.8	0.9	2.0	1.0	2.2	1.1
特殊行业（洗浴、洗车、水上乐园、高尔夫球场等）		6	4	8	5	10	6
特殊水质	矿泉水、地热水	8	5	10	6	12	7
建筑疏干排水		按照相应地区“工商业及其他类”减半征收					
地温空调取水		省辖市0.15，县0.10					

注：超采区在上述标准基础上加收30%。

表2.6 2014年山东省水价构成

用水类别	年售水量（万立方米）	水价及构成（元/米³）			
		到户水价	基本水价	水资源费	污水处理费
	/	3.313	1.954	0.373	0.941
居民生活	50699.27	2.833	1.642	0.357	0.822
非居民用水	14924.47	3.847	2.298	0.387	1.065
行政事业	7103.18	3.994	2.524	0.383	1.046
工业	24880.72	3.424	1.868	0.401	1.074
经营	2618.44	5.358	3.842	0.405	1.087
宾馆饭店	677.97	3.784	2.215	0.365	1.204
特种用水	555.09	7.005	5.115	0.453	1.136
其他	3630.51	3.940	2.564	0.340	1.007

资料来源：山东省物价局提供资料。

山东省的有些城市已经进行了调整，如泰安市2015年10月1日起执行新标准。调整后的具体标准如下：取用地表水的每立方米0.4元；取用地下水用于公共供水的每立方米1.5元，城市公共供水管网覆盖范围以外自备水源井取水的每立方米1.6元，泰城公共供水管网覆盖范围内自备水源井取水的每立方米2.0元，县（市）公共供水管网覆盖范围内自备水源井取水的每立方米1.7元。

（6）江苏省。根据《关于调整水资源费有关问题的通知》（苏价工〔2015〕43号），江苏省自2014年9月15日起执行新标准。调整后，地表水水资源费为0.20～0.40元/米^{3}不等，地下水水资源费为0.40～10元/米^{3}不等。浅层地下水水资源费为2.7元/米^3，对洗车、洗浴等特种行业取用浅层地下水按3.0元/米^{3}收取水资源费。适当调高耗水行业水资源费标准，通过价格杠杆限制高耗水和产能过剩行业用水以及超量取用水。江苏省全面执行超计划取水累进加价征收水资源费制度，实施惩罚性的征收标准。

南水北调工程受水区地表水水资源费征收标准和地下水水资源费征收标准如表2.7和表2.8所示。

表2.7　南水北调受水区地表水水资源费征收标准

单位：元/米^3

省（市）	居民	工业	特种行业	纯净水矿泉水	其他
北京	1.57	1.63	153	153	153
天津	1.39	2.17			
河北	0.5	0.5			
河南	0.35	0.4	0.8		
山东	0.357	0.401	0.453		0.34
江苏	0.2	0.2	0.4		0.23

注：（1）截至2015年年底。

（2）按照《关于调整我省水资源费征收标准的通知》（豫发改价管〔2015〕1347号）的要求，此处列出的是河南省2015年12月1日起进行调整的标准。

表 2.8　南水北调受水区地下水水资源费征收标准

单位：元/米^3

省（市）	居民	工业	特种行业	洗车	洗浴	纯净水矿泉水	地热水	矿井疏干水
北京	2.61	2.61	153	153	153	153		
天津	5.8	5.8						
河北	2	2		2	2	2	2	0.6
河南	2.2	2.8	10	10	10	12	12	1.4
山东	0.73	0.75				2.38	2	0.16
江苏	2	2				10	10	

注：(1) 截至 2015 年年底。

(2) 按照《关于调整我省水资源费征收标准的通知》(豫发改价管〔2015〕1347 号) 的要求，此处列出的是河南省 2015 年 12 月 1 日起进行调整的标准。本行数据列出的是河南省三区城镇公共供水管网覆盖范围内自备井取用地下水标准，三区包括郑州、洛阳、许昌、三门峡和巩义、灵宝等。

(3) 江苏省居民用水水资源费征收标准为江苏省深层地下水非超采区地表水源水厂管网到达地区标准。

2.2　南水北调受水区水资源费征收的基本特征

2.2.1　南水北调受水区水资源费多有调整，但仍有部分地区未调整到位

2013 年以来，南水北调受水区各省市均按照 29 号文的要求已经调整或正在调整水资源费。尽管如此，距离 29 号文的要求还有一定差距。受水区地表水水资源费征收标准及其与 29 号文的比较如表 2.9 和图 2.1 所示。

表 2.9　南水北调受水区地表水三类主体水资源费征收标准

单位：元/米^3

省（市）	29 号文	居民	工业
北京	1.6	1.57	1.63
天津	0.5	1.39	2.17
河北	0.4	0.5	0.5
河南	0.4	0.35	0.4
山东	0.4	0.357	0.401
江苏	0.2	0.2	0.2

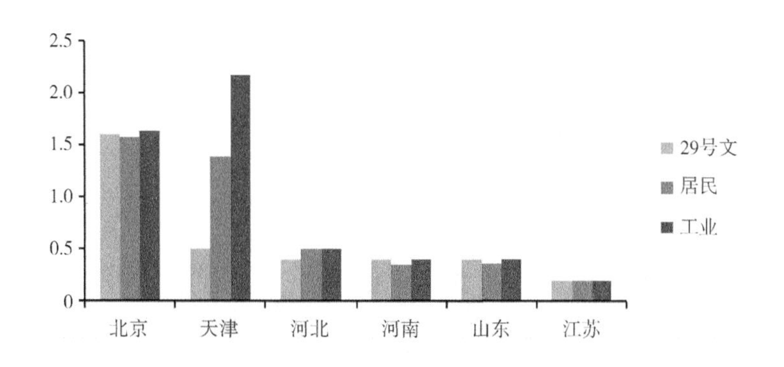

图 2.1 南水北调受水区地表水水资源费与 29 号文要求比较

南水北调受水区地下水水资源费征收标准及其与 29 号文的比较如表 2.10、图 2.2 所示。北京现在执行的地下水水资源费为 2.61 元/米^3，低于 4 元/米^{3}的国家指导标准。山东省实施标准普遍低于国家指导标准，水资源费的调整工作仅在个别县市启动，要在 2015 年年底完成调整，压力和阻力都比较大。河北省是以地下水使用为主的特定地区，城市供水企业取用地下水仍未执行国家统一指导标准，仍采用较低的征收标准，其设区市城市供水企业取用地下水采用 0.6 元/米^{3}的水资源费征收标准，低于 1.5 元/米^{3}的国家指导标准。

表 2.10 南水北调受水区地下水三类主体水资源费征收标准

单位：元/米^3

省（市）	29 号文	居民	工业
北京	4	2.61	2.61
天津	2	5.8	5.8
河北	1.5	2	2
河南	1.5	2.2	2.8
山东	1.5	0.73	0.75
江苏	0.5	2	2

南水北调受水区居民用水和工业用水地表水与地下水水资源费的比较如图 2.3、图 2.4 所示。

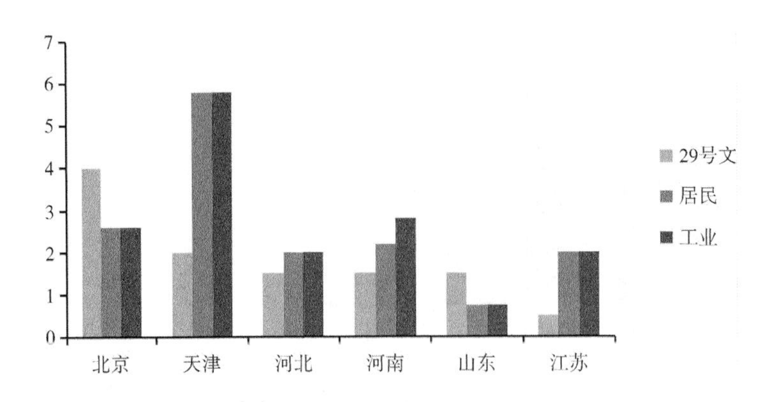

图 2.2　南水北调受水区地下水水资源费与 29 号文要求比较（单位：元/米³）

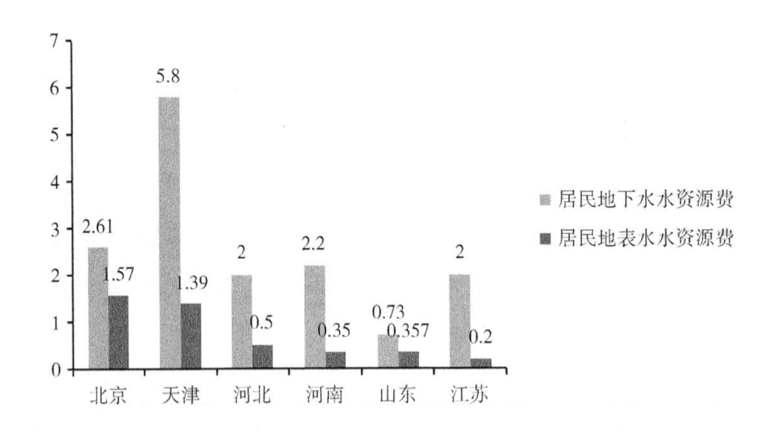

图 2.3　南水北调受水区居民用水地表水与地下水水资源费比较（单位：元/米³）

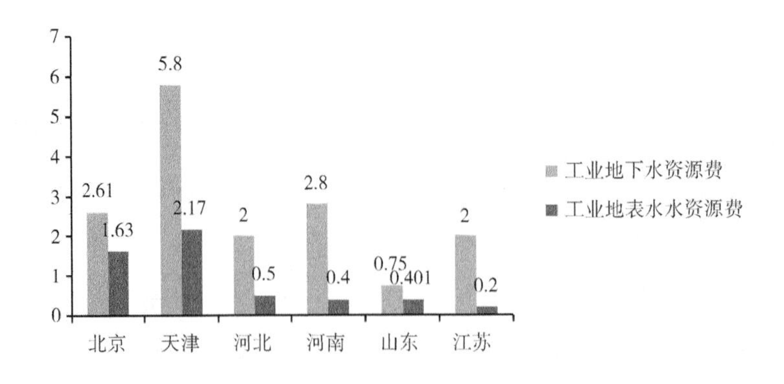

图 2.4　南水北调受水区工业用水地下水与地表水水资源费比较（单位：元/米³）

2.2.2 南水北调受水区水资源费的征收基本体现了取水地差异

我国纳入水资源费收取的水源包括地表水、地下水、地热水和矿泉水等。由于水源类型不同，对水资源费的影响也不同。特别是南水北调受水区，都是地下水超采严重的地区，通过不同水源地水资源费差异实现地下水压采，是受水区水资源费征收的重要目标。从各地现行标准来看，取水地地下水水资源费征收标准普遍高于地表水水资源费征收标准，直接从地下自采自用水的水资源费征收标准高于城市公共供水的水资源费征收标准。

2.2.3 南水北调受水区水资源费的征收一定程度上体现了行业差异

不同行业用水实行不同的水资源费征收标准，水资源费起到了一定的宏观调控作用。水资源费征收标准由高到低呈现出高耗水的高消费行业、工业、居民、农牧业的排列顺序。南水北调受水区对农业用水基本采取暂缓或减免征收水资源费的方式，对城市公共管网覆盖内工商业自备水源、洗车、洗浴、高尔夫等其他自备水源征收较高的水资源费，如北京对特殊行业水资源费的征收标准高达153元/米^3。

2.2.4 逐步实行单一水资源费与累进水资源费相结合的征收标准

南水北调受水区基本实施了水资源费征收超定额累进加价制度，用价格杠杆增强取水户的节水意识，减少地下水超采，改善水生态环境。例如，自2014年9月15日起，江苏省在全省范围内全面执行超计划取水累进加价征收水资源费制度，实施惩罚性的征收标准。取用水单位超计划取用地表水或地下水的，对超计划取水部分，按照累进加价原则加收水资源费：超计划取水5%以上不足10%的部分加收1倍水资源费；超计划取水10%以上不足20%的部分加收2倍水资源费；超计划取水20%以上不足30%的部分加收3倍水资源费；超计划取水30%以上的部分加收5倍水资源费。山东省泰安市2015年10月1日实行的新标准要求超计划（定额）累进加价征收水资源费，超计划10%以内（含）部分，按水资源费征收标准1倍加收；超计划10%至30%（含）部分，按水资源费征收标准2倍加收；超计划30%以上部分，按水资源费征收标准3倍加收。山东省济宁市2012年下发了《关于超计划（定额）用水累进加价征收水资源费有关事项的通知》，从2012年1月1日起，开始全面实行超计划（定额）用水累进加价征收水资源费制度。2012年征收超计划（定额）用水累进加价水资源费1516万元，2013年征收3200万元，2014年第一季度征收712万元。

2.3　南水北调受水区水资源费征收政策存在的主要问题

尽管目前南水北调受水区水资源费基本能够体现差异化，但是距离通过征收水资源费形成价格引导机制、有效调节用水行为的要求还有很大差距。特别是伴随着受水区引水工程的基本到位，在更多地使用外调水之前，必须先理清价格问题。水资源费是调节外调水与本地水关系的关键。

2.3.1　南水北调受水区水资源费整体偏低，水资源费没有对调水使用形成有效调节

从南水北调受水区目前的情况来看，外调水价格远远高于本地水价格，使用外调水的价格机制还未形成。南水北调工程配水成本和制水成本高，终端水价远高于现行居民和非居民水价，即使将水资源费按照29号文的要求调整到位，外调水水价依然明显高于终端水价，直接影响了南水北调沿线地区使用外调水的积极性，这客观上导致用水户不愿使用外调水，有的甚至继续通过超采地下水来满足当地的水资源需求。例如，南水北调工程干线进入河北，从取水口取来原水配水到城市自来水厂价格为2.76元/米^3，远高于0.6元/米^{3}的城市供水企业取用地下水水资源费征收标准，即使将其提高到1.5元/米^{3}的国家指导标准，也远低于南水北调原水的价格。南水北调终端水价最保守估计为6.42元/米^3，远高于现行3.6元/米^{3}的居民用水终端水价。因此，必须大幅度提高南水北调受水区的地下水资源费征收标准，使其高于南水北调原水价格，促进南水北调受水区外调水的使用。

2.3.2 水源差异、行业差异仍不充分，水资源费对节水特别是地下水保护作用有限

水资源费的征收是为了体现水作为一种稀缺资源的价值，合理开发、利用、节约和保护水资源是水资源费征收的出发点和目的。这种调节作用对南水北调受水区来说尤为重要。南水北调受水区都是地下水严重超采地区，根据《南水北调（东、中线）受水区地下水压采总体方案》，2012 年，南水北调受水区浅层地下水、深层承压水超采区面积分别为 5.77 万平方千米、7.37 万平方千米，分别占受水区总面积的 24.74% 和 31.61%，二者重叠面积约 7%。水资源费的调节作用必须依靠不同用水行为的用水价格差异来实现。目前来看，南水北调受水区在水源地、行业等方面体现的差异仍然过小，无法发挥有效的调节作用，特别是对地下水压采取得的效果不明显。

2.3.2.1 地下水使用成本没有明显高于地表水使用成本

要想发挥水资源费对地下水压采的调节作用，原则上需要适当拉大地下水与地表水的取用成本，使前者远大于后者，才能有效调节用水户的取用水行为。通常要遵循以下两个原则：一是用水户取用地下水的成本至少要等于甚至高于取用地表水的成本。取用地下水的成本包括自备井的地下水水资源费和取用的耗电费用，地表水的成本是地表水终端水价。二是自来水厂取用地表水和地下水进水厂时，地下水的原水成本要高于地表水的原水成本。地下水水资源费征收标准应高于地表水水资源费征收标准和配水成本之和。由于自来水厂的配水成本难以获得，且主要的调节对象是分散的用水户，本书只按照第一项原则进行分析。

本书将居民自备井取用地下水水资源费与居民用地表水终端水价进行比较，在居民自备井取水过程中，电耗多少与取水深度有关，无法统一测算。若前者与后者的比值大于或至少等于 1，那么基本符合要求。实际上，从南水北调受水区来看，这一比值应远大于 1。而从表 2.11 和图 2.5 可以看到，除天津外，其他地区都明显小于 1。这意味着南水北调受水区地下水取水成本过低，难以通过价格杠杆实现对用水行为的调节。

表 2.11　南水北调受水区居民自备井取用地下水水资源费与居民终端水价比较

单位：元/米^3

省（市）	居民终端水价	居民自备井取用地下水水资源费	居民自备井取用地下水水资源费/居民终端水价
北京	5	2.61	0.52
天津	4.9	5.8	1.18
河北	3.63	2	0.55
河南	2.8	2.2	0.79
山东	2.83	0.73	0.26
江苏	3	2	0.67

注：1. 截至 2015 年年底。

2. 北京市居民终端水价是北京市第一阶梯自来水水价。

3. 天津市居民终端水价是天津市“一户一表”居民用户第一级水价。

4. 河南省正在酝酿实施阶梯水价，但尚未完全到位。表内的河南省居民终端水价为自 2015 年 1 月 1 日起实施的洛阳市三阶阶梯第一级水价。

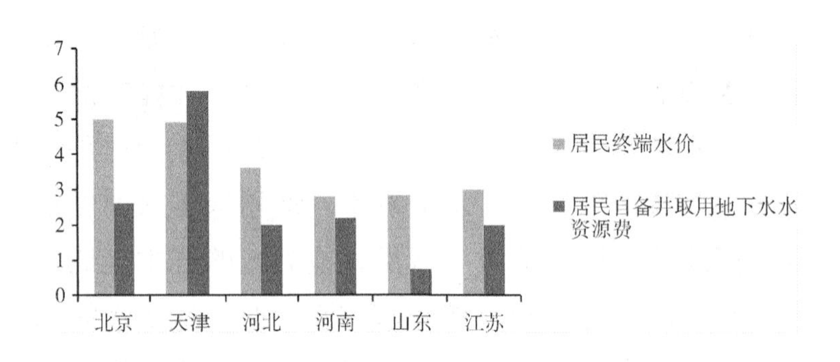

图 2.5　南水北调受水区居民自备井取用地下水水资源费与居民终端水价比较（单位：元/米^3）

2.3.2.2　南水北调受水区居民用水和工业用水的水资源费没有明显差异

从取水用途来看，工业用水的水资源费与居民用水的水资源费差异不大。对地下水的取用来说，工业用水是最核心的调节对象，必须通过提高地下水取用价格，限制工业企业对地下水的直接使用。

从表 2.12 可以看到，目前在地表水取用上，工业用水和居民用水水资源费差异很小；而在地下水取用上，大部分地区在征收时没有任何差别，除河南、山东两省外，其他省市均为零，无法对工业企业在节约水资源、压采地下水，特别是减少自备井使用方面进行合理引导。

表 2.12 南水北调受水区居民用水和工业用水水资源费的差异

单位：元/米^3

省（市）	地表水水资源费差	地下水水资源费差
北京	0.06	0
天津	0.78	0
河北	0	0
河南	0.05	0.6
山东	0.044	0.02
江苏	0	0

注：截至 2015 年年底。

2.3.3 农业用水水资源费的征收没有体现价格杠杆的作用

在水资源消耗中，农业位居第一位。农业用水包括灌溉用水和林牧渔业用水两部分，其中，灌溉用水占农业用水的 90% 以上。对南水北调受水区来说，农业用水也是地下水压采的重点。南水北调受水区农业用水，除北京和河北部分试点外，大部分地区基本免征水资源费。对农业用水水资源费的征收，一方面要体现国家的宏观政策导向，即对农业进行扶持；另一方面应该利用价格杠杆，培养和激发农民节约用水的意识，减少地下水开采，应当运用价格杠杆引导农业用水行为，简单地、一刀切地不征收并不是最优选择。实际上，采取合理的农业水资源费征收方式，农民的节水意识和技术增强了，总的用水成本反而不会明显增加。

2.3.4 政策制定受行政干扰较大，体系较为混乱

2.3.4.1 标准制定各自为政，各级政府间、区域间差异大

目前，各省市自行制定水资源费征收政策和征收标准。由于各地区的水资源拥有量有大有小，经济发展水平有高有低，对水资源的重视程度不同，各地区在水资源费政策的详细程度和标准的依据上差异较大，政策显得比较混乱。例如，对纯净水和矿泉水、地热水、矿井疏干水地下水水资源费的征收标准，山东是三者各不相同，北京是制定了统一标

准，而天津、河南并没有将这三类水单独列出。同一省内，不同县市的标准也不同步，标准复杂。

2.3.4.2　相邻区域差异大，缺乏统筹机制

水资源费征收标准与水资源区域分布不直接挂钩，拥有同一水源地的不同行政区域政府自行制定各自的水资源费标准。实践中，大江大河流经几个省区就有几种不同的水资源费征收标准，导致邻省同一取水工程水资源费征收标准不同。北京、河北两地水资源条件几乎相同，北京城市供水企业地下水资源费为2.3元/米^3，而河北仅为0.6元/米^3。

2.4　南水北调受水区水资源费征收管理中存在的问题

2.4.1　征收保障体系缺位，政策落实受阻

从南水北调受水区水资源费的实际征缴情况来看，水资源费的征收并不到位，特别是由于体制机制没有理顺，出现相互推诿、监管空白等问题，水资源费政策的落实受到阻碍。很多地区反映水资源费实际征收率约为50%，且水资源费征收标准越高，征收越困难。

2.4.1.1　地方政府缺少约束机制，水资源费成为招商手段

一些地方政府从地方利益出发，干预水资源费的征收，随意减免一些企业的水资源费，许多地方政府把免征水资源费作为招商引资的优惠政策，影响水资源费的全额征收。对地方政府来说，这样做的成本很低，而由此带来的收益短期内来看是很高的。对追求政绩的地方政府来说，随意减免水资源费的短视行为很容易发生。

2.4.1.2　取用水单位交费意识淡薄，拖缴欠缴严重

从全社会来看，对水资源费的认识不足。由于缺少立法保障和广泛宣传，取用水单位交费意识淡薄，对水资源费一拖再拖，甚至有些单位拒不缴纳水资源费，导致水资源费征收困难，难以实现应收尽收，不仅造成使用水资源成本的不公，更使水资源费对用水单位的调节作用十分有限。

2.4.1.3　征收责任主体不明确，征收手段缺少强制性

城市用水主要由城市自来水企业代收，现实中，城市自来水企业大

多不愿意代收水资源费。由于缺少强制征收手段，自来水企业作为企业无法保证征收到位。征收水资源费责任重大，自来水企业加重了负担；而征收的水资源费直接上缴财政，与自来水企业的直接利益关联少，对自来水企业的激励小。

2.4.2 水资源费“费”的形式不利于依法征收和使用

从存在的意义来看，水资源费主要是基于水资源的稀缺程度来调节供给，体现了国家对水资源的所有权，保证其归政府使用和管理。从这一角度来看，水资源费的合理形式应该是水资源税。当前“费”的形式既带来了调整的不便，又造成了征收和使用的随意性。一方面，水资源费的调整必须通过听证会的方式，而无法通过立法的形式，听证过程中很多用水户无法理解水资源费的意义，造成了一定的社会矛盾，甚至导致有些地方水资源费的调整因此而搁置或延缓。实际上，以“税”的形式，通过立法确立水资源费的威严性，更有利于民众接受。另一方面，“费”的形式给地方带来了很大的灵活机动性，一些牺牲长远的环境保护利益换取短期的经济利益的行为成本远低于收益，而且水资源费没有用于水资源保护和改善的现象普遍存在。相较于“税”的强制性和严肃性，“费”导致了这一资金征收和管理的随意性。当然，“费”改“税”过程并不能一蹴而就，立法、计量、配套设备等问题都需要进行严密论证和充分保障。

2.4.3 目前的分成方式不利于调动县级水资源管理部门的积极性

目前，中央与地方按照 1∶9 进行水资源费解缴，即县级以上地方人民政府水行政主管部门征收的水资源费首先解缴中央财政 10%，剩余的 90% 再在地方各级财政之间进行分配，具体的比例由省级财政主管部门确定。地方 90% 的水资源费在地方各级政府之间划分，县级实际使用的水资源费收入较少。县级水资源管理部门承担着水资源管理的最基础工作，所需投入的人力及经费较多，这种分成方式不仅不利于水资源费征收，而且会导致地方政府保护水资源的投入不足。

3 典型国家运用经济手段保护地下水资源的经验借鉴

国际上用于水资源管理和保护的经济手段主要有水权及水权交易、水资源税（费）、水价等。其中，水资源税（费）作为一种控制水资源需求量、保护水环境的经济工具，已被世界上许多国家采用。有部分国家征收水资源税（如德国、俄罗斯、荷兰等），也有部分国家征收水资源费（如英国、法国等），具体如表 3.1 所示。

表 3.1　部分国家（地区）水资源费（税）征收标准

单位：美分/米^3

<table>
<tr><th rowspan="2">国家（地区）</th><th rowspan="2">年份</th><th rowspan="2">地表水</th><th rowspan="2">地下水</th><th colspan="5">取水用途</th></tr>
<tr><th>生活供水</th><th>工业用水</th><th colspan="2">农业用水</th><th>其他</th></tr>
<tr><td>丹麦
（供水税）</td><td>1998</td><td></td><td></td><td>70.0 +25%
增值税</td><td>免除</td><td colspan="2">免除</td><td></td></tr>
<tr><td>荷兰（地下水资源税）</td><td>2000</td><td></td><td></td><td>17.0</td><td>13.0</td><td colspan="2">免除</td><td>12.0</td></tr>
<tr><td rowspan="2">德国巴登 - 符腾堡州</td><td rowspan="2">21 世纪初</td><td colspan="2"></td><td>地下水：5.0</td><td>地下水：5.0</td><td rowspan="2">灌溉用途</td><td>地下水：5.0</td><td>地下水：5.0</td></tr>
<tr><td colspan="2"></td><td>地表水：5.0</td><td>地表水：5.0</td><td>地表水：0.5</td><td>地表水：5.0</td></tr>
<tr><td>捷克</td><td>1999</td><td>不固定</td><td>5</td><td></td><td></td><td colspan="2"></td><td></td></tr>
<tr><td>匈牙利</td><td>1999</td><td>0.6 ~4.0</td><td>0.6 ~4.0</td><td></td><td></td><td colspan="2"></td><td></td></tr>
<tr><td>波兰</td><td>1999</td><td>2.8</td><td>8.4</td><td></td><td></td><td colspan="2"></td><td></td></tr>
<tr><td>斯洛伐克</td><td>1999</td><td>52.0</td><td>2.0 ~52.0</td><td>2.0</td><td>52.0</td><td colspan="2"></td><td></td></tr>
<tr><td rowspan="2">英格兰和威尔士</td><td rowspan="2">2007/08</td><td colspan="7">根据所处的环境署划片来确定</td></tr>
<tr><td>2.1 ~5.0</td><td>2.1 ~5.0</td><td colspan="5">基本收费相同，但根据不同用途的耗水系数有所调整</td></tr>
<tr><td rowspan="2">澳大利亚首都特区</td><td>2003</td><td>6.0</td><td>6.0</td><td></td><td></td><td colspan="2"></td><td></td></tr>
<tr><td>2004
（提议）</td><td>12.0</td><td>12.0</td><td></td><td></td><td colspan="2"></td><td></td></tr>
</table>

续表

国家（地区）	年份	地表水	地下水	取水用途			
				生活供水	工业用水	农业用水	其他
澳大利亚首都特区	2005（提议）	15.0	15.0				
	2006			33.0			15.0
巴西南帕拉伊巴盆地	2004/05			4.60	4.60	0.11	0.09（水产养殖）
加拿大魁北克省		1.0	1.0				
南非	2006/07	不同水资源管理区的标准不同					林业用水
中值		地下水与地表水相同		0.19	0.19	0.12	0.07
最低				0.06	0.06	0.04	0.04
最高				0.46	0.46	0.18	0.11

资料来源：Finney C. Water Abstraction Charges as A Water Managenent Tool. Irrig. and Drain., 2013（62）：477－487. doi：10.1002/ird.1735.

3.1 典型国家的水资源费（税）政策及标准

3.1.1 英国水资源费——以回收行政费用为主要目标

目前，英国的取水费由环境署（Environment Agency）负责征收。2003年英国《水法》（*Water Act* 2003）规定，凡从地表或地下取水，日取水量超过20立方米的企业或个人，除用于土地排水工程排水、给船只灌水、在环境署知情的条件下测试地下水质取用水、消防用水、紧急取水等用途外，一般都需要向环境署申请取水许可证，并交纳相应的取水费。环境署负责审批和发放取水许可证，并对发放的许可证征收一次性的申请费以及每年相应的水资源费。环境署每年发布一份取水费征收方案，方案有效期为当年4月1日至次年3月31日，详细规定了取水费包含的项目、取水费如何计算、取水费交纳时间、不同地区取水费费率等具体内容。

根据2013—2014年英国取水费收费方案，目前英国的取水费共包括

4 项内容：预申请费、申请费、广告管理费、年度费用（或称为维持费）。其中，年度费用与我国水资源费的性质相似，体现了实际取水应交纳的补偿费用。年度费用根据许可取水量、收费因子（charge factor）、标准收费费率、环境改良费率得出，其中，收费因子又考虑取水水源、取水季节、耗水程度等权重因素，具体计算公式如下（等式右边前半部分为标准收费，后半部分为补偿收费）：

$$A_C = V(ABCS + BCDE)$$

式中，A_C 为年度费用；V 为年度许可取水量（annual licensed volume），是指取水许可证上载明的年度许可取水量；A 为水源因子（source factor），分为非保护区域、受保护区域、季节性洪水 3 种，权重系数分别为 1、3、0.2；B 为季节因子（season factor），分为夏季、冬季、全年，权重系数依次为 1.6、0.16、1；C 为耗水因子（loss factor），按耗水量分为高、中、低、非常低 4 种，权重系数依次为 1、0.6、0.03、0.003；D 为调整后的水源因子（adjusted source factor），计算补偿收费时将水源因素分为非洪水和洪水两种，权重系数依次为 1.0、0.2；S 为标准收费费率；E 为环境改良费费率，两费率在各流域之间不同，具体费率由环境署统一确定。其中，标准收费费率最低的是约克郡，为 0.01163 英镑/米^3（约合 0.114 元/米^3），最高的是盎格鲁区，为 0.02751 英镑/米^3（约合 0.27 元/米^3）。

英国水资源费征收的目的主要是补偿水资源管理的行政费用，水资源费并不体现取水的环境成本或其他外部成本。水资源费征收标准根据环境署预算的财政支出逐年调整。例如，环境署 2008—2009 财政年度行政费用预算为 11 亿英镑，其中的 12.5% 约 1.37 亿英镑计划由水资源费收入来补偿，2008—2009 年的水资源费征收标准则以回收 1.37 亿英镑为目标来确定。

3.1.2　澳大利亚水资源费——鼓励节水与弥补成本

澳大利亚征收取水资源费的政策目标有两个：一是向消费者传递水资源稀缺的信号，促进水资源高效利用，鼓励节水设施的投资；二是弥补未被供水公司营利性收费包括的成本（如流域治理成本），减少政府的交叉补贴。澳大利亚取水费具体的征收政策与收费水平主要由独立竞争与管制委员会（Independent Competition and Regulatory Commission，ICRC）决定，该机构成立于1997年，主要职能是确定管制行业产品价格，同时在法律授权范围内决定相关行业进入许可，以及为政府管制活动提供相关政策建议等。

取水费征收标准的确定程序：首先确定应由取水费收入负担的用于水资源管理、保护等的成本支出项目，并测算出其具体金额，然后将这些成本分摊到总取水量中，得出单位取水的成本，即取水费费率。这些成本包括中央政府直接用于流域治理的成本、环境成本和水资源稀缺价值。ICRC将上述3种成本分成两类：一类称为水资源供给成本（water supply cost），与取水总量相关，如流域综合治理成本以及其他的政府支出，具体包括公园运营开支、水资源保护、野生动物研究、多个部门水资源管理支出等；另一类成本与未返回水体的消耗水量有关，称为流动成本（flow cost），主要表现为水资源稀缺价值和环境成本。水资源稀缺价值通过前两年水权交易价格的加权平均值得出；环境成本代表的是基建投资费，对河流流量改进具有长期的影响。因此，应采用无风险固定回报率计算投资回报额①，得出年度环境成本。

再生水（reused water）对取水费具有双重影响：一方面，水资源再利用减少了未返回水体的水量，与之相关的流动成本也相应减少，导致取水费降低；另一方面，水资源再利用减少了总取水量，在成本相同的情况下，单位水量分摊的成本增加，导致取水费增加。是否对使用再生水征收取水费是争论的焦点，ICRC因而确定了两种不同情况下的取水费公式。

（1）如果没有取用再生水或者对取用再生水不收费，则饮用水的取水费计算公式为：

$$W_t = \frac{S_t + L_{t-1}F_t}{T_{t-1}}$$

---

①　根据墨累达令河流域管理局估计，维持或永久恢复100万升水的平均成本是2000美元，固定回报率采用澳大利亚储备银行政府债券10年平均利率5.35%，用2000美元乘以5.35%得出年度环境成本为100万升水花费107美元，意味着环境成本为取水费贡献了4.9美分/米^3。

（2）如果存在再生水而且对再生水和饮用水征收不同的取水费，那么它们的标准分别为：

$$W_t^R = F_t/k$$

$$W_t = \frac{S_t + (L_{t-1} - R_{t-1}/k)F_t}{T_{t-1}}$$

其中，W_t 为第 t 年饮用水取水费；W_t^R 为第 t 年再生水取水费；S_t 为第 t 年水资源供给成本；L_{t-1} 表示第 $t-1$ 年消耗水量；F_t 表示第 t 年的流动成本；T_{t-1} 表示第 $t-1$ 年总取水量；R_{t-1} 表示第 $t-1$ 年再生水取用量；k 表示水资源再生利用的环境效益，$k=1$ 代表无环境效益，k 值越大，表示环境效益越大。

3.1.3　法国水资源费——以增加财政收入为主要目标

法国征收水资源费的目的是增加财政收入、补偿流域机构开发水资源和治理污染所需的开支，流域管理机构制定水资源费征收标准并负责征收。法国建立了 6 个流域管理机构，对在自然界取水征收水资源费。法国水资源费收入与排污费收入一同被用于补偿流域机构发展水资源和治理污染所需的开支。

法国水资源费征收标准由流域管理机构制定，6 个流域管理机构负责设计本流域内的水资源费框架，同时决定水资源费征收标准。法国制定水资源费征收标准时不仅考虑消耗水量，而且考虑所取水资源返回到取水源的量，同时也考虑取水地点和取水源头等因素。用水户应交纳的水资源费等于抽取水量乘以相应的取水费率加上消耗水量乘以相应的消耗费率。在河流上游取水的水资源费征收标准比在下游取水要高，地下水的水资源费征收标准比地表水的水资源费征收标准高。目前，法国各个流域管理机构制定的水资源费标准相对较低，总的水资源费收入也不高，平均占流域管理机构供水、排水工程总成本的 2%～5%。

3.1.4　德国水资源税——补偿某个群体经济利益因环境改善政策受到的影响

20 世纪 50—60 年代，联邦德国在全国推行水资源税的提案没有得到通过，于是一些州政府开始在地方层面征收水资源税。1988 年，巴登 - 符腾堡州（Baden - Württemberg）成为德国第一个征收水资源税的州，征收的主要目的是用税收收入补偿当地农民在流域内限用化肥而产生的损失。这种某个群体之经济利益因环境改善政策受到影响，而政府用水资源税收入对其进行补偿的现象在德国其他州也普遍存在。

巴登 - 符腾堡州水资源税政策规定，年取水量低于 2000 立方米的企业和个人无须缴纳水资源税，年取水量介于 2000 ~ 3000 立方米的企业和个人可获得 50% 的水资源税折扣。另外，《联邦水管理法》和《巴登 - 符腾堡州水法》中规定的一些无须取水许可的取水行为，不交纳水资源税。巴登 - 符腾堡州的水资源税标准对不同水源和不同取水用途做了区分，并按实际取水量向企业和个人征收。具体来说，水源被划分为地表水和地下水，取水用途被划分为公共供水、热泵用水、冷却用水、灌溉用水和其他用途。其中，取用地下水的税率普遍高于取用地表水的税率。另外，对一些耗水量巨大的生产企业，政府会给出一些税收折扣，以减轻企业负担，有的企业得到的税收折扣甚至高达 90% 。巴登 - 符腾堡州水资源税政策的经验被德国其他州效仿。

汉堡州（Hamburg）是德国另一个征收水资源税的典范。1989 年，汉堡州采用了不同于巴登 - 符腾堡州的原则和规定，制定了独特的水资源税政策。与巴登 - 符腾堡州的水资源税不同，汉堡州仅对取用地下水资源者征收水资源税，水资源税按取水许可证上授予的取水量来计算，只有当实际取水量超过许可授予的取水量时，税率才按实际取水量来计算。对年取水量少于 10000 立方米的用户以及其他一些特殊情况，免征水资源税。汉堡州的水资源税标准按照不同的地下水质量和取水户来区分，取用水质好的地下水比取用含氧较高的浅层地下水要缴纳更高的水资源税，而公共供水取水的税率一般低于其他取水的税率。

3.1.5 荷兰水资源税——节约使用地下水和增加财政收入

荷兰于 1995 年开征水资源保护税，农业和工业使用地下水资源要征收水资源保护税。适用于豁免的情况包括紧急情况下用于环境保护的地下水和低于 40000 立方米的灌溉用地下水。荷兰的水资源税由两种不同的税种构成：一种是地方政府向企业征收的地下水取用税，其主要目的是增加地方财政收入，用于补贴地下水资源的研究工作和污染控制；另一种是国家对取用地下水资源者征收的水资源税。作为政府绿色税改革的一部分，荷兰中央政府为了减少地下水的开采量，1995 年开始对直接取用地下水的企业和生活用水户收取高额的水资源税，对取用地表水则不收任何税费。2000 年，荷兰中央政府取用地下水的税收标准为：水务公司取水 0.16 欧元/米^3，工业和农业取水 0.12 欧元/米^3。

荷兰的水资源税政策有两个目标。一个目标是通过对取用地下水征收更高的税，实现缩小取用地表水与取用地下水之间的成本差异。荷兰整个国家 70% 的用水取自于地下水，但过度开采地下水会引发许多问题。因此，荷兰中央政府决定通过对地表水和地下水征收有差别的水资源税，达到影响不同种类水资源取水量的目的。另一个目标是增加国家财政收入，增加税收种类，扩大税收基础。

3.1.6　俄罗斯水资源税——促进水资源可持续利用

俄罗斯有关水资源税的立法依据是 1995 年通过并颁布的《俄罗斯联邦水法》。这部法典规定了俄联邦、州和地方的水权关系。根据《俄罗斯联邦税法》第 25 章第二部分关于水资源税的规定，自 2005 年 1 月起，俄罗斯开始征收水资源税，取代之前征收的水资源费。在俄罗斯境内从事相关的或是具体的用水单位和个人都是水资源税的纳税人。水资源税的征税范围主要包括饮用水或调水、专用水域的取水、水电工程用水和漂运木材用水等。根据《俄罗斯联邦税法》，基于健康治理目的的用水、用于灾害和消防目的的用水以及鱼类养殖业用水等 15 种情况不属于水资源税的征收范围。

工程调水的税基根据纳税期间的水流流速和用水量确定；在专用水域用水，根据用水许可证或是用水协议的约定确定税基；水力发电和森林采伐则参照发电量和木材量确定相应的税基。水资源税的税率需要综合考虑不同因素，如不同季节、不同河流的情况等。对森林采伐业征收的水资源税税率在不同河流上不同。居民用水的水资源税税率大致为每千立方米 70 卢布，相比大多数欧洲国家，这个税率明显偏低。

俄罗斯在普遍征收水资源税的同时，也对一些关系国计民生的水资源使用给予税收优惠，重点集中在基于国民健康的水资源使用、环保航运、渔业生产、土壤改良、国防用水以及残疾人服务和儿童游乐场用水等方面。

3.2 经验借鉴及启示

3.2.1 水资源费（税）政策目标明确，注重可操作性

征收水资源费的意义在于通过经济手段实现水资源均衡配置，它的实现与水资源费的目标设计紧密有关，明确的水资源费政策目标是政策发挥经济杠杆作用的前提。国外有研究表明，一旦目标明确，水资源费便能以最小的社会成本实现既定目标。因此，决策者在制定收费标准前应首先设立一个主观的目标。

可持续取水涉及生态保护、经济效益、伦理公平、政府开支等多个方面，水资源费政策的目标设计决定了水资源配置的均衡度。每个国家的水资源状况、水资源管理制度、经济社会发展水平都存在差异，必须制定不同的政策目标，以取得不同的政策效果。英国环境署作为非政府部门的公共机构，在制定取水费标准时，坚持收支平衡的原则，以回收行政成本为目标，依当年的行政预算制定取水费收费方案。澳大利亚征收取水费的目标有两个：①传递水资源真实价值的信息，以鼓励高效利用水资源以及节水设备的投资；②减少政府补贴，既考虑了政府回收相关行政开支的需要，又体现了水资源的稀缺价值和环境价值。加拿大征收取水费的目的是弥补行政管理费用，收费一般基于最大允许取水量，而不是实际取水量。澳大利亚加强水资源的管理和保护，运用经济手段实现管理目的，充分发挥价格杠杆的调节作用，《水法》规定取水权人要交纳从河内、湖内或河段内取水的水权费。

3.2.2 制定科学合理的水资源费（税）标准

英国以环境署的财政支出预算为依据制定取水费标准，且取水费根

据许可取水量以及季节、水源等因素来定，确保了稳定的取水费收入，使水资源开发、保护、管理等工作有充足的经费来源。澳大利亚明确了取水费的确定必须符合透明性、弹性、合法性3个维度的要求，根据流域治理成本、环境成本、水资源稀缺价值计算取水费标准，每项成本都可以识别并且有明确的计算方法，使取水费标准更科学、更透明。

3.2.3　实行差别化的水资源费征收政策

为了进行水资源需求管理，缓解水资源供需矛盾，应综合考虑取用水的环境影响、经济效益、人民基本用水需求等因素，实行差别化的水资源费征收政策。理论上，在制定水资源费费率时，需要考虑水资源地理和季节性分布、水资源状况、水源结构、取水用途、社会经济发展水平等因素。具体来看，水资源稀缺地区水资源费标准要比水资源丰富地区高，枯水季节要比丰水期高。在取用水源类型上，地下水资源费标准应该高于地表水，对于中水回用可以免征或减征水资源费，进而遏制地下水过度开采，鼓励水资源重复利用。另外，需要根据取水用途和社会经济发展水平制定不同水资源费的标准，兼顾用水效益和社会可承受能力。

英国取水费征收结构比较合理，相同取水量在不同水源、不同季节、不同耗水行业、不同区域的取水费相差较大，最高值与最低值相差千倍以上。对小水电站取水以及从水域平均氯化物含量超标的污染水域取水免收取水费，有利于发展水能资源，保护水生态环境。澳大利亚取水费的征收则与水资源是否有重复利用、取水对环境的影响大小、消耗系数等因素相关。总体上看，英国和澳大利亚的取水费结构比较完善，分类较细，实行了有差别的水资源费征收政策。

3.2.4　建立水资源费标准动态调整机制

水资源量每年都处在变化中，经济社会发展水平等影响水资源价值的因素也在不断变化，水资源费征收标准应建立相应的动态调整机制，以提高水资源费征收标准的科学性和准确性。英国取水费收入根据环境署测算的应由取水费负担的财政支出逐年调整，属于“以支定收”型。

在一年当中，取水费的标准根据取水季节的不同有所调整，在确立全国统一的征收政策时又制定了各区域不同的取水费费率，兼顾统一性与区域差异性。澳大利亚取水费标准则是根据流域治理、水资源保护、野生动物保护等方面的开支以及水权交易价格和水资源环境费用计算得出。如果影响水资源价值的因素发生变化，取水费标准应在基准年上做出调整，并且如果取水费的成本认定建立在可靠的数据基础上，则取水费计算方法可以重复套用，取水费标准调整可通过数学公式得出，调整过程科学、透明。

4　地下水水资源费征收标准的适度区间分析

4.1　分区分类标准

4.1.1　分区标准

根据水利部制定的《地下水超采区评价导则》（SL 286—2003）以及《全国地下水超采区评价技术大纲》，地下水超采区按照面积大小，可以划分为下列四级：①地下水超采区面积不小于5000平方千米为特大型地下水超采区；②地下水超采区面积小于5000平方千米且不小于1000平方千米为大型地下水超采区；③地下水超采区面积小于1000平方千米且不小于500平方千米为中型地下水超采区；④地下水超采区面积小于500平方千米为小型地下水超采区。

根据地下水超采区在开发利用时期的年均地下水水位持续下降速率、年均地下水超采系数以及生态灾害程度，将各级地下水超采区划分为一般超采区和严重超采区两种，并在严重超采区中划分限采区和禁采区。

在各级浅层地下水超采区、一般基岩裂隙水超采区和碳酸岩岩溶水超采区中，符合下列条件之一的，确定为严重超采区。

（1）年均地下水超采系数大于0.3。

（2）年均地下水水位持续下降速率大于1.5米。

（3）年均泉水流量衰减系数大于0.1。

（4）发生了地面塌陷，且100平方千米面积上的年均地面塌陷大于2个，或单个地面塌陷坍塌岩土的体积大于1立方米的地面塌陷年均大于1个。

（5）发生了地裂缝，且100平方千米面积上年均地裂缝大于2条，或同时达到长度大于10米、地表面撕裂宽度大于5厘米、深度大于0.5

米的地裂缝年均大于 1 条。

（6）发生了地下水水质污染，且污染后地下水水质的类别高于形成地下水超采区之前地下水水质类别超过 1 个类级，或污染后的地下水已不能满足生活饮用水的水质要求。

（7）因地下水开发利用引发了海水入侵现象。

（8）因地下水开发利用引发了咸水入侵现象。

（9）因地下水开发利用引发了土地沙化现象。

在各级深层承压水超采区中，符合下列条件之一的，确定为严重超采区。

（1）年均地下水水位持续下降速率大于 2 米。

（2）年均地面沉降速率大于 10 毫米。

（3）发生了地下水水质污染，且污染后地下水水质的类别高于形成地下水超采区形成之前地下水水质类别超过 1 个类别，或污染后的地下水已不能满足生活饮用水的水质要求。

不符合严重超采区的，确定为一般超采区。

在严重地下水超采区中，符合下列条件之一的，确定为禁采区。

（1）累计浅层地下水水位下降幅度大于相应地下水开发利用目标含水层组底板埋藏深度的 4/5。

（2）观赏性名泉泉水流量累计衰减系数大于 0.6，或年均累计停止喷涌时间大于 100 天。

（3）100 平方千米面积上年均地面塌陷大于 10 个，或 100 平方千米面积上坍塌岩土体积大于 1 立方米的地面塌陷年均大于 5 个。

（4）100 平方千米面积上年均地裂缝大于 10 条，或同时达到长度大于 10 米、地表面撕裂宽度大于 5 厘米、深度大于 0.5 米的地裂缝年均大于 5 条。

（5）海水入侵造成地下水的氯离子含量大于 1 毫克/米^3。

（6）咸水入侵造成地下水矿化度大于 3 毫克/米^3。

（7）原野荒芜造成植被覆盖率减少 50% 以上。

（8）污染后的地下水水质已达到 V 类。

（9）累计地面沉降量大于 2000 毫米。

在严重地下水超采区中，不符合上述规定的区域，确定为限采区。

4.1.2 南水北调地下水超采区的范围

南水北调受水区大部分位于海河流域，而海河流域是我国水资源最为短缺的地区，人均水资源量为243立方米，仅为全国平均数的1/8。从整个海河流域来看，要满足现在的用水格局，需要年降水量748毫米，而海河流域实际多年平均降水量只有535毫米。这个缺口近20年来主要靠超采地下水来填补，累计超采地下水已经超过1400亿立方米。2015年5月初，北京平原区大部分地区地下水埋深4～50米，天津平原区大部分地区地下水埋深1～4米；河北平原区东部大部分地区地下水埋深1～12米，保定、石家庄、邢台和邯郸地下水埋深一般8～50米，局部超过50米；山东平原区大部分地区地下水埋深1～8米，东部淄博和潍坊地下水埋深8～30米；河南平原区大部分地区地下水埋深1～12米，黄河以北地下水埋深4～30米；江苏和安徽淮河平原区大部分地区地下水埋深小于4米。2015年5月初，黄淮海平原与上月同期相比地下水埋深减少或稳定。地下水埋深减少区占40%，减少幅度一般小于2米，分布在各省区局部。地下水埋深稳定区占26%，分布在黄淮海平原内各省市局部。地下水埋深增加区占34%，增加幅度一般小于2米，主要分布在北京、河北平原区大部，其他各省区局部。

按照前面所确定的地下水分区标准，可以将南水北调受水区6个省市地下水超采情况归纳如下。

（1）北京。截至2014年1月，北京地下水已连续15年超采，地下水位比1998年同期下降12.83米。北京市平原区地下水严重超采区为城近郊区，包括东城区、西城区、朝阳区、丰台区、石景山区、门头沟区山前平原、海淀区除山后外的大部分地区，面积达1192平方千米；通州区城关和摇不动水源地附近，包括通州区区政府所在地及城关—土桥、摇不动—北刘各庄—宋庄，面积70平方千米。地下水超采区为通州区大部分地区，面积为467平方千米；大兴区庞各庄、魏善庄以北地区，面积为340平方千米；房山区城关—夏村—良乡—石楼地区，面积为182平方千米；昌平区南口、沙河—回龙观—东三旗地区，面积为152平方千米；延庆区康庄、库北东门营地区，面积为58平方千米；顺义区城关—杜各庄、高丽营—张喜庄、古城—天竺和密云区城关以东、以北等地区，面积为199平方千米。地下水未超采区为怀柔区、平谷区平原地区，密云区、顺义区、昌平区和延庆区的大部分平原地区，大兴区和通州区南部地区以及房山区北拒马河沿岸地区，面积为3868平方千米。

（2）天津。2014年，天津市政府划定了地下水禁采区和限采区范围，明确提出禁采区和限采区控制目标，并制定了7项措施严格地下水超采区管理，以进一步推进深层地下水压采，修复保护地下水环境。根据划定的范围，禁采区包括天津市内6区、环城4区外环线以内地区，武清区城区，滨海新区建成区、沿海防潮堤两侧各1千米范围以及围海造陆的全部陆域。自2015年1月1日起，限采区范围内有地表水、淡化海水供水的地区划转为禁采区。在禁采区范围内，严禁新打开采井，现有机井严禁新增地下水取水量，现有开采井要切实采取措施封停。在限采区范围内，地表水、淡化海水供水区域，原则上严禁新打开采井，已批准开采的单位严禁新增许可水量。

（3）河北。2015年6月，河北省政府公布了全省平原区地下水超采区、禁采区和限采区范围，并明确在禁采区内，除应急供水外，严禁开凿取水井；在限采区内，除应急供水和生活用水更新井外，严禁开凿取水井。为了满足工农业以及居民生活用水的需要，20世纪80年代起，河北开始超采地下水，年均超采50多亿立方米，已累计超采1500亿立方米，面积达6.7万平方千米，超采量和超采区面积均占全国的1/3。地质勘探部门的资料显示，河北省深层地下水位正以每年0.5～1米的速度下降，当前的深层地下水位较之20世纪50年代已下降40～60米，华北地区或成为世界上最大的地下水“漏斗区”。最新资料显示，目前，河北省共有地下水漏斗区25个，其中，面积超过1000平方千米的7个，包括保定高蠡清、邢台宁柏隆两个浅层地下水位降落漏斗和沧州市、邯郸市、衡水市、邢台市巨新、唐山市宁河—唐海5个深层地下水位降落漏斗。

（4）江苏。2005年，江苏省开展了第一次覆盖全省行政区域的地下水超采区划分工作，全省共划分地下水超采区25个，主要分布在苏锡常地区、南通地区、盐城地区及徐州地区，总面积约17429平方千米。其中，一般超采区面积约 7476 平方千米，主要位于南通地区及盐城地区；严重超采区面积约 9953 平方千米，主要位于徐州市区七里沟、盐城市区、大丰、丰沛县城及苏锡常地区。2013 年，江苏省再次开展了全省地下水超采区的划分和复核工作，全省共划分地下水超采区 22 个、总面积约 16593.8 平方千米。其中，一般超采区面积约 7683.0 平方千米，主要位于盐城市、南通市、淮安市及徐州市；严重超采区面积约 8913.8 平方千米，主要位于苏锡常地区及南通海门。徐州市丰县、沛县，淮安市涟水县，盐城市滨海县等多个城区及连云港市灌云县、灌南县局部地段也划分为严重超采区。

（5）河南。河南省属于水资源严重短缺地区，人均水资源占有量仅为全国平均水平的 1/5，地下水超采情况较为严重。2015 年 3 月，河南省首次公布了超采区域，面积约 4.4 万平方千米。全省超采区总面积为 44393 平方千米（全省国土面积 16.7 万平方千米）。其中，浅层地下水超采区 14195 平方千米，深层承压水超采区 27996 平方千米，岩溶水（存于可溶性岩层的溶蚀裂隙和洞穴中的地下水，又称喀斯特水）超采区 5471 平方千米。浅层地下水与深层承压水超采区重叠面积为 3269 平方千米。其中，浅层地下水多用于农业灌溉，均为一般超采区；深层承压水、岩溶水既有一般超采区，也有严重超采区。目前，郑州市区、航空港区、开封市中心城区、商丘市中心城区、永城市城市规划区及近郊存在深层承压水严重超采区。郑州、平顶山、新乡、许昌均有岩溶水严重超采区。此前，经河南省政府批复，河南省已划定了地下水禁采区和限采区。其中，郑州市区（200 平方千米）、开封市区（33 平方千米）、商丘市区（40 平方千米）、永城市区（6 平方千米）已被划为深层地下水禁采区。此外，重点基础设施周边（如高速铁路路基两侧各 200 米）和重要文物周边也划定为地下水禁采区。

（6）山东。山东省划定浅层地下水超采区、限采区和禁采区范围。浅层地下水超采区范围包括浅层地下水一般超采区和严重超采区，面积为 10433.2 平方千米，其中，浅层地下水一般超采区面积为 8368.23 平方千米，严重超采区面积为 2064.94 平方千米。浅层地下水限采区面积为 9373.8 平方千米，禁采区面积为 1059.4 平方千米。浅层地下水超采区包括：淄博—潍坊浅层地下水超采区，超采区面积为4521.27平方千米，其中，严重超采区面积1512.54平方千米；莘县—夏津浅层地下水超采区，超采区面积为3373.4平方千米；莱州—龙口浅层地下水超采区，超采区面积833.6平方千米，其中，严重超采区面积354.0平方千米；济宁—宁阳浅层地下水超采区，超采区面积为757.8平方千米；宁津浅层地下水超采区，超采区面积为509.7平方千米；福山—牟平浅层地下水超采区，超采区面积为217平方千米，其中，严重超采区面积为93平方千米；茌平浅层地下水超采区，超采区面积为115平方千米；文登浅层地下水超采区，超采区面积为105.4平方千米，全部为严重超采区。浅层地下水禁采区包括：广饶—昌邑禁采区，面积为507平方千米；莱州—龙口禁采区，面积为354平方千米；福山—牟平禁采区，面积为93平方千米；文登禁采区，面积为105.4平方千米。禁采区外的区域全部划为浅层地下水限采区，共计9373.8平方千米。

4.1.3 分类标准

不同用水户取用水资源用途不同，除了水资源带来的边际效益不同外，不同用水户对水费的承受能力也不同。通常将水资源用于生产经营投入的经营性用户，其水费的承受能力大于将水资源用于基本生活及非营利性公共服务的非经营性用户。因此，水资源费标准可以根据用水非经营性行为的用水户（包括城镇居民生活用水户与非营利性公共服务部门）和用水经营性行为的用水户（含工业和服务业）的水费承受能力分别制定。

4.2 确定地下水水资源费征收标准需要考虑的因素

当前，虽然收取水资源费已经纳入相关法律法规，但水资源在不同用水户的生产与发展过程中发挥的效用不同，所产生的经济效益也大不相同。因此，在制定水资源收费标准时，应对不同的用户制定不同的资源水价，体现水资源的稀缺性，发挥水价的经济杠杆作用，在保证基本生活和生产用水的基础上，充分利用有限的资源创造更大的社会、经济效益。

居民用水的阶梯水价和产业用水的超定额累进加价已被公认为有效的节水制度，采取用水量越多、水资源费越高的计费形式，能有效激发用水户的节水意识，避免水资源浪费。在考虑到低收入者用水保障的同时，也要限制高耗水群体的用水行为。提高水资源费标准，是利用价格杠杆调节水资源分配的主要经济手段。由于水具有公共产品属性，不同用途的水资源费标准应采取不同的定价方法。

4.2.1　地下水资源安全状况

近几十年来，随着经济社会的不断发展，南水北调受水区地下水资源开采量日益增加，地下水污染加重。由于缺乏合理规划和有效监管，造成了区域性地下水位下降、水源枯竭，进而诱发了地面沉降、地裂缝、海水入侵、土壤盐渍化及土地沙化等一系列生态及环境地质问题，这些问题直接影响着地下水资源的可持续利用，也制约着经济社会的全面、协调和可持续发展。因此，在制定地下水水资源费时必须充分考虑受水区地下水资源分布状况、储量情况、超采面积等。

4.2.2　当地水资源供求关系

不同区域的水资源禀赋条件也会影响水资源费征收标准。水资源供求状况反映了一个地区水资源的自然丰缺程度和承载力。当某地水资源供求矛盾较小时，水资源费的征收标准相应较低，反之亦然。一般来说，水资源禀赋越好的城市，地下水水资源费越低，因为地下水替代水源多，供大于求，自然会降低地下水水资源费，如上海等长江下游地区，水资源丰富，地下水水资源费全国最低，而水资源短缺地区，因供水相对不足，地下水替代水源少，供求矛盾紧张，势必会抬高地下水水资源费。

4.2.3　经济社会发展水平

经济社会发展水平对水资源费征收标准的影响体现在以下 4 个方面。第一，经济社会发展水平影响了居民、企业等用水单位对水资源费的承受能力。第二，由于经济活动会排放大量的废水，如缺乏有效治理，会污染水体，导致水资源功能下降，使水资源更为稀缺。经济社会发展水平较高的地区面临的资源环境压力较大，对水资源保护的紧迫性更强，水资源的边际成本更大。第三，水的价值必须通过经济活动体现出来，水资源与社会经济有效结合，是水资源价值产生的源泉。在经济社会发展水平较高的地区，水资源的价值相对较高，经济发展需要消耗大量的水资。因此，经济社会发展水平较高的地区，水资源费的征收标准相应较高。第四，当一个社会的发展正处于工业化和城镇化时期时，社会经济发展水平较高的地区，其城市化水平相对较高，由此会增加水资源的需求量。城市规模的扩大使农业用地向非农业用地转换，而一般来说城市需水量大于农村需水量，越来越多的人口往城市集聚，使城市对生活用水和环境用水的需求都会增加，打破了原有的水资源供需平衡，城市只有采取各种措施提高其水资源承载能力，才能达到新的平衡。

综上所述，社会经济发展主要体现在对水资源量的需求上，经济发展速度、产业结构、社会生活生产用水的节约程度等都会影响社会需水量。当供需矛盾加深时，水资源费上涨。经济社会发展水平很大程度上决定了某一地区居民、企业等用水户的经济承受能力。同时，经济发展水平与用水量关系密切，经济发展较快的地区，城市化率相对较高，对水资源的需求量较大，面临的资源环境压力也较大，对水资源保护的紧迫性更强。经济发展水平指标属于预测性指标，由于经济发展受国际环境、国家宏观政策等因素的影响，这些影响因素一定程度上又缺乏可预见性，所以经济发展水平是难以准确预测的指标。

4.2.4 当地城乡居民、不同类型企业的承受能力

不同的消费主体对水价的承受能力不同。国家对国民经济各部门有不同的政策规定，农业、工业、城市生活及环境等用水部门分属不同的消费主体，水资源费与它们的效益相关性较大，而且它们各自的承受能力也不同。要充分发挥水资源费推动经济发展方式转变、促进经济结构调整的作用，对于高耗能、高污染、高排放的行业以及国家限制发展的行业，应适当提高水资源费的征收标准；农业、城镇供水行业以及公共服务性行业是享受政策优惠的重点行业，国家必须满足它们的用水需求，

可以适当降低水资源费征收标准。

4.3　地下水水资源费征收标准的定价区间及模拟测算

4.3.1　从不同水源的可替代性来分析

由于地下水资源的短期不可再生性，出于保护地下水资源的目的，地下水水资源费征收标准应高于地表水水资源费征收标准。由于地下水资源的水处理成本较低，有些甚至可以直接使用，一般来说，地下水水资源费征收标准至少要等于甚至高于除污水处理费以外的地表水水价，对超采地下水的地区，地下水水资源费征收标准应高于除污水处理费以外的地表水价，自来水管网覆盖范围外的地区除外。此方法只适用于地下水可直接使用的地区。

据此计算6个主要受水区的平均地下水水资源费征收标准，发现北京和天津的地下水水资源费征收标准已达到或高于地表水水价，其他地区地下水水资源费征收标准仍低于地表水水价，使用地下水水资源仍具有价格优势（表4.1）。

表4.1　南水北调受水区地下水水资源费征收标准与水价的比较

单位：元/米^3

地区	地下水水资源费征收标准	地表水终端水价	自来水价	污水处理费	终端水价-污水处理费
北京	4	5	2.07	1.36	3.64
天津	4	4.9		0.9	4
河北	1.5	3.6	2.4	0.8	2.8
河南	1.5	2.4	1.5	0.65	1.75
山东	1.5	2.83	1.64	0.8	2.03
江苏	0.5	3.1	1.42	1.42	1.68

4.3.2　从水资源的使用权来分析

如果在水资源取之不尽、用之不竭的地区，水就不是经济资源。如果再生水（海水淡化）、污水再造水和收集雨水等可以生产出同样水质的原水并且运送至相应地点，则使用者也可以完全使用再生水。因此，水资源费的理论上限为再生水的成本。如果水资源费高于再生水的成本，人们就会使用再生水而放弃自然水。

从全国平均水平来看，与城市自来水终端水价和自来水水价相比，再生水水价具有优势。再生水水价分为居民用水、非居民用水和特种行业用水 3 种。2011 年的调研回收数据显示，再生水水价平均分别为 0.9 元/米^3、1.19 元/米^{3}和 2.29 元/米^3。居民用再生水水价除江苏省外，均低于地下水水资源费征收标准。然而，从再生水制水成本来看，由于采用不同的技术方法、水质不同等，再生水成本差异也很大，如反渗透法的综合制水成本达到 4 ~6 元/米^3，电吸附为 0.5 ~2 元/米^3。地下水水资源费征收标准的理论上限难以通过再生水制水成本来确定（表 4.2）。

表 4.2　南水北调受水区地下水水资源费征收标准与再生水价的比较

单位：元/米^3

地区	地下水水资源费征收标准	再生水水价	再生水制水成本（2011 年数据）
北京	4	3.5	3.58
天津	4	2.2	3.8
河北	1.5		2.95（张家口市）
河南	1.5		1.54（许昌市）
山东	1.5		10.54（威海市）
江苏	0.5		

4.3.3　从本地水与外调水水资源的优化配置来分析

本地水源和外地水源水资源费的结构需要优化。为保护本地地下水水资源，假设在制水成本相同的情况下，应至少使当地地下水进入自来水厂的成本高于南水北调水进入自来水厂的成本。科学的结构为：本地地下水水资源费 + 地下水配水成本≥本地地表水水资源费 + 调水工程水价 + 配水成本。这样的水价结构有利于调水工程的成本补偿，以经济手段合理地将水在不同区域调剂余缺。

南水北调工程水源费按“两部制”方式划分为基本水价和计量水价

两部分。基本水价用于运行管理费用和工程基本维护费、工程建设投资还贷等，不管用不用水都需要付费；计量水价则按补偿基本水价以外的抽水电费、材料费等其他成本、费用的原则核定，计量水价按实际使用量缴纳。南水北调的工程水源费将由南水北调运营管理单位收取（表4.3）。

表 4.3　南水北调中线一期主体工程运行初期各口门供水价格

单位：元/米^3

区段划分		区段内各口门供水价格		
		综合水价	基本水价	计量水价
水源工程		0.13	0.08	0.05
干线工程	河南省南阳段（望城岗—十里庙）	0.18	0.09	0.09
	河南省黄河南段（辛庄—上街）	0.34	0.16	0.18
	河南省黄河北段（北冷—南流寺）	0.58	0.28	0.30
	河北省（于家店—三叉沟）（郎五庄南—得胜口）	0.97	0.47	0.50
	天津市（王庆坨连接井—曹庄泵站）	2.16	1.04	1.12
	北京市（房山城关—团城湖）	2.33	1.12	1.21

南水北调干线工程河南省南阳段、河南省黄河南段、河南省黄河北段、河北省、天津市、北京市各口门出渠水价分别为每立方米0.18元、0.34元、0.58元、0.97元、2.16元、2.33元，[①] 综合水价根据输水距离的递增进行调整。若再将各省区内的配水成本以及地表水水资源费加入

① 国家发改委：《关于南水北调中线一期主体工程运行初期供水价格政策的通知》（发改价格〔2014〕2959号）。

进来，各省核定价格不同。以河北省的配水成本为例，从取水口取来原水配水到城市自来水厂价格为2.76元/米^3。由于河北省以取用地下水为主，配水工程缺乏，其配水成本较高，地下水配水成本远低于南水北调水的配水成本。考虑到缺乏其他地区配水成本标准，若以河北省为例进行假设计算（本地地表水水资源费+调水工程水价+配水成本），结果如表4.4所示。

表4.4　南水北调受水区地下水水资源费征收标准与南水北调水水价的比较

单位：元/米^3

地区	地下水水资源费征收标准	南水北调原水价	配水成本（以河北省为例）	地表水水资源费	南水北调原水+配水成本+地表水水资源费
北京	4	2.33	2.76	1.6	6.69
天津	4	2.16	2.76	1.6	6.52
河北	1.5	0.97	2.76	0.4	4.13
河南	1.5	0.18	2.76	0.4	3.34
山东	1.5	0.58	2.76	0.4	3.74
江苏	0.5	0.34	2.76	0.2	3.30

注：配水成本不含南水北调主体工程水价，南水北调原水价含南水北调主体工程水价。

因此，为促使南水北调受水区减少对区域内地下水的开采，提高南水北调工程的运行效率，需要对受水区的地下水水资源费进行调整。现行地下水水资源费征收标准较低，可以此作为理论高值的估计值确定依据。

4.3.4　从用水户的可承受能力来分析

承受能力是指人们在某种信号的刺激下仍能保持常态的容忍能力，它有一个最高限，超过这个最高限，人们的心理和行为将出现异常的变化，如对社会不满，做出破坏性行为，甚至游行示威等。承受能力包括物质与心理两个方面。物质承受能力在分析社会综合承受能力中占有重要地位。对心理承受能力，目前尚不能准确地用数量加以描述，但是在水资源价格的制定中绝对不能忽略心理承受能力。从某种程度上来说，心理承受能力通过经济的影响直接表现在对事物的评价与效果上，关系到人的情绪与生产的积极性。为了更明确、更直观、更综合地反映水资源价格的社会承受能力，本书采用以下的理论公式：

水费承受指数 = 水费的支出 ÷ 实际收入

水费承受指数具有将物质承受能力与心理承受能力综合起来的特点。该数值是通过调查得到的，它在考虑物质承受能力的基础上注意到了心理影响，并将节约用水作为一项考察因素。因此，水费承受指数更能反映实际情况，可以说，它是一个综合指数。水费承受指数中的心理影响是一个不容忽视的问题。受长期福利水资源取用的影响，我国的水费承受能力非常脆弱，在社会承受能力范围之内进行水资源价格的改革，是水资源价格体系改革成功的首要条件。另外，水费承受指数的提出也解决了不同功能水资源价格的差异，如工业用水、农业用水、商业用水、生活用水等的水费承受指数就不同。水资源价格与水的用途和效益结合起来，使水资源价格更趋于合理化。

水资源价格的上限就是达到最大水费承受指数时水资源的价格。具体可以用以下公式表示：

$$P = \frac{E \times A}{C} - D \tag{1}$$

式中，P 为水资源价格上限；A 为最大水费承受指数；E 为实际收入；C 为用水量；D 为供水成本及正常利润。

下面以城市供水企业取用水的水资源费征收标准为例进行分析。根据亚太经济和社会委员会（ESCP）的建议，居民用水的水费占家庭收入的比例最高不应该超过3%。而徐志刚、邢信勇的研究表明：一般情况下，一个家庭的水费支出占其可支配收入的2%～5%。水利部发展研究中心的研究结果同样表明：当人均水费支出占人均可支配收入的比例达到2.5%时，将对居民用水产生较大的影响，可促进居民合理地节约用水；当达到3%时，将对居民用水产生很大的影响；达到5%时，居民会认真节水；达到10%时，则会考虑水的重复利用。然而，理论与实践存在很大不同，从各国的实践来看，水费支出占可支配收入的比重大都在0.3%～3%，依据不同国家的水价政策和水资源供求状况来决定。现行我国城镇居民人均水费占人均收入的比重（0.7%）高于我国香港地区

（0.4%）；与经济合作与发展组织（OECD）国家相比，高于希腊、爱尔兰等，与日本、丹麦、瑞典、美国、挪威、冰岛、意大利、韩国等相当，低于匈牙利等。[①] 根据国际供水协会的研究，人均水费支出占人均收入的比例，希腊、爱尔兰水费负担最低，约为0.3%；日本、丹麦、瑞典、美国、挪威、冰岛、意大利、韩国等为0.6%～0.8%；德国、卢森堡、荷兰、奥地利、法国、比利时、英格兰和威尔士、加拿大、土耳其一般为1%～1.5%；匈牙利为3%左右。

本书以家庭水费支出约占其可支配收入的1.5%为标准计算水资源费征收标准的上限，选取现行最低供水成本、供水企业的平均利润率和最低排污费用，根据公式来计算南水北调受水区水资源价格上限，详见表4.5。

表4.5 根据用户承受能力计算的2013年南水北调受水区水资源费上限

地区	单位售水平均成本（元/吨）	城市居民人均可支配收入（元）	人均年用水量（吨）	水资源费上限（元）
北京	3.19	44488.6	71.87	6.10
天津	3.31	28832.3	51.94	5.02
河北	2.76	16647.4	45.92	2.68
江苏	1.37	27172.8	76.58	3.95
山东	3.56	20864.2	49.24	2.80
河南	3.34	15695.2	38.47	2.78

资料来源：中国城镇供水排水协会《城市供水统计年鉴》。

假设在“十三五”期间，在南水北调受水区城市居民人均用水量大体不变的情况下，按照近三年受水区单位售水成本、城市居民人均可支配收入的平均增长率，推算出“十三五”末即2020年的受水区单位售水成本以及城市居民人均纯收入，同时以家庭的水费支出约占其可支配收入的1.5%为基础，根据公式（1）计算出2020年水资源费上限，如表4.6所示。

---

① 需要注意的是，以上国际比较主要是运用我国36个大中城市居民生活用水的终端水价数据，而在人均GDP的比较上使用的又是全国数据。因此，对我国人均水费支出占人均收入比重的总体情况是一个高估值。

表4.6　根据用户承受能力计算的“十三五”期间
南水北调受水区水资源费上限

地区	2020年单位售水平均成本（元/吨）	2020年城市居民人均可支配收入（元）	人均年用水量（吨）	2020年水资源费上限（元）
北京	3.79	60108.7	71.87	8.76
天津	3.93	62396.7	51.94	14.09
河北	3.28	25886.1	45.92	5.18
江苏	1.63	69648.7	76.58	12.01
山东	4.23	36020.4	49.24	6.74
河南	3.97	31188.1	38.47	8.19

资料来源：中国城镇供水排水协会《城市供水统计年鉴》。

4.4　南水北调受水区地下水水资源费征收标准的确定

综合以上分析，南水北调受水区地下水水资源费征收标准应以不包括污水处理费外的终端水价作为调整下限，保障受水区地下水水资源费征收标准高于地表水水价，使用地下水资源将不再有价格优势。

在大多数地区，以本地水源和外调水源优化测算的理论征收标准高于用户承受能力测算的标准。江苏省经济发展水平较高，城乡居民收入较高，用户承受能力也相应较高。江苏省“十三五”时期按用户承受能力计算的地下水水资源费征收标准较高，从实践中的水资源费调整来看，不可能快速提高地下水水资源费征收标准。因此，“十三五”时期地下水水资源费征收标准要综合考虑用户承受能力和不同水源优化配置，可将两者测算的平均值作为调整目标上限。

在调整步骤上，由于北京、天津地下水水资源费征收标准已达下限，但其他地区仍离下限较远，应优先将河北、山东、河南、江苏的地下水水资源费征收标准提高到下限水平。考虑到区域内衔接平衡原则，以及各地区居民的经济承受能力和心理承受能力，河北、河南和山东的区域标准接近，按三地近期上限的平均水平作为“十三五”的调整目标。北京、天津等地可按远期上限平均水平确定“十三五”的调整目标。江苏地区“十二五”末地下水水资源费征收标准较低，但其地下水水资源费征收不应低于下限（表4.7）。

表4.7 地下水水资源费征收标准的定价区间 单位：元/米^3

省（区、市）	现行地下水水资源费征收标准	终端水价－污水处理费（下限）	用户承受能力测算	本地水源和外调水源优化测算	用户承受能力和水源优化测算的平均数（上限）
北京	4	3.64	6.10	6.69	6.40
天津	4	4	5.02	6.52	5.77
河北	1.5	2.8	2.68	4.13	3.41
江苏	0.5	1.68	3.95	3.37	3.66
山东	1.5	2.03	2.80	4.70	3.75
河南	1.5	1.75	2.78	3.58	3.18

4.5 分行业用户地下水水资源费征收标准的确定

城市用水包括工业用水、城镇生活用水、城市环境用水、农业用水等。工业用水按行业又可分为机电、电子、建筑、纺织、电力、化工等。需要的数据包括：各用水部门的年用水量；各用水部门的年产值；各用水部门的固定资产；包括除供水系统外的与该部门生产直接及间接相关的全部资产；各用水部门应分摊的水利供水工程的固定资产。我国现行水资源费征收只针对几类用水对象，即自来水公司的供水、农业用的地下水、纯净水企业用的地下水及其他用水户使用的水源，按不同的标准进行征收。城市公共供水一般采用地表水为水源，征收标准较低。商业和经营服务业用水属于高层次消费，洗浴、洗车等特殊行业属于奢侈消费，这些行业的经济特性决定了水资源费的征收要与其他用水行业区别对待，以发挥经济杠杆的调节作用，优化行业间水资源的合理配置（表4.8）。

表 4.8　2014 年 34 个行业产值水耗情况表

序号	行业	自来水用量（立方米）	工业总产值（万元）	产值水耗（米^3/万元）
	总计	540703414	221424484	2.442
1	石油和天然气开采业	53419	183231	0.292
2	农副食品加工业	9400172	2072970	4.535
3	食品制造业	14585708	2817374	5.177
4	饮料制造业	13816752	1343853	10.281
5	烟草制品业	776921	2823375	0.275
6	纺织业	37039358	3595462	10.302
7	纺织服装、鞋、帽制造业	19221143	4282929	4.488
8	皮革、毛皮、羽毛（绒）及其制品业	5662006	1304316	4.341
9	木材加工及木、竹、藤、棕、草制品业	3241100	850142	3.812
10	家具制造业	4577195	1986600	2.304
11	造纸及纸制品业	9383283	1871086	5.015
12	印刷业和记录媒介的复制	5315869	1646228	3.229
13	文教体育用品制造业	5961131	1643803	3.626
14	石油加工、炼焦及核燃料加工业	6152520	9737395	0.632
15	化学原料及化学制品制造业	67525373	16126205	4.187
16	医药制造业	20770451	2707936	7.670
17	化学纤维制造业	3602716	1090005	3.305
18	橡胶制品业	9622409	1661569	5.791
19	塑料制品业	15502918	4569060	3.393
20	非金属矿物制品业	23313431	4163747	5.599
21	黑色金属冶炼及压延加工业	14047518	16062062	0.875
22	有色金属冶炼及压延加工业	9015838	4276315	2.108
23	金属制品业	27141042	8289529	3.274
24	通用设备制造业	37585882	18665235	2.014
25	专用设备制造业	13575378	5942089	2.285
26	交通运输设备制造业	42735196	23549935	1.815
27	电气机械及器材制造业	23675154	15721437	1.506
28	通信设备、计算机及其他电子设备制造业	64497159	49616778	1.300
29	仪器仪表及文化、办公用机械制造业	4427311	3082388	1.436
30	工艺品及其他制造业	3705985	1150852	3.220

续表

序号	行业	自来水用量（立方米）	工业总产值（万元）	产值水耗（米^3/万元）
	总计	540703414	221424484	2.442
31	废弃资源和废旧材料回收加工业	738115	425439	1.735
32	电力、热力的生产和供应业	10305973	7246310	1.422
33	燃气生产和供应业	5492406	603531	9.101
34	水的生产和供应业	8236582	315299	26.123

4.5.1　农业地下水水资源费征收标准的确定

我国是农业大国，农业灌溉一直是用水大户，水资源在农业经济发展中的作用重大。但农业产值低，对水价的承受能力低，在制定灌溉水价时，必须在保障农民用水经济利益的同时，制定有利于节水的收费办法。例如，适度提高农业灌溉水价，对采取节水措施、节水效果好的农户提供灌溉补贴；根据种植作物的种类制定不同的水价。不同作物的需水量与水资源的净效益差别很大，如粮食作物，尤其是水稻，需水量大、价格低；而对经济作物，水资源的净效益较高。根据水资源价值理论，粮食作物的水价应低于经济作物。我国《取水许可和水资源费征收管理条例》第30条规定："农业生产取水的水资源费征收标准应当根据当地水资源条件、农村经济发展状况和促进农业节约用水需要制定。农业生产取水的水资源费征收标准应当低于其他用水主体的水资源费征收标准，粮食作物的水资源费征收标准应当低于经济作物的水资源费征收标准。"

华北地区农业超采地下水是造成当地水资源危机的主要原因之一，当地农业节水潜力巨大。合理调整农业用水水资源费标准，促进农业节水，是利用价格杠杆建立压采地下水、保护地下水水资源长效机制的关键。妥善处理农业生产取水的水资源费征收问题，关系到节约水资源和农民减负增收，对农业生产直接取水征收水资源费只是一种手段，目的在于促进灌溉方式转变、培养农民的节约用水意识、节约水资源。对农业生产取水征收水资源费，有利于促进农业灌溉方式的转变，培养农民节约用水意识。从用水结构来看，农业生产用水占社会总取水量的60%

以上，而农田灌溉取水占农业生产取水量的90%，用水大户是农业，节水的根本也在于农业。

大力发展节水灌溉是缓解农业和经济社会用水矛盾的根本途径，应根据各地水资源状况和社会经济条件，科学合理地确定农业生产用水定额，作为农民基本的用水权利，在定额范围内实行基本水价，不征收水资源费。超定额部分在水价实行累进加价的同时征收水资源费，既可限制超额用水，又不会加重大多数农户的负担。对地下水未超采区，水资源费标准基本维持现状不变，重点是调整超采区和严重超采区地下水水资源费标准，防止过量开采，促进地下水水资源保护。

4.5.2　高耗水、高污染行业的差别化地下水水资源费政策设计

我国《取水许可和水资源费征收管理条例》规定，“水力发电用水和火力发电贯流式冷却用水可以根据取水口所在地水资源费征收标准和实际发电量确定缴纳数额”。

对超计划或者超定额取用地下水，制定惩罚性征收标准。凡是使用地下水的行业，地下水水资源费建议是地表水水资源的2倍。在此基础上，除水力发电、城市供水企业取水外，各取水单位或个人超计划或者超定额取水实行累进收取水资源费。由流域管理机构审批取水的中央直属和跨省、自治区、直辖市水利工程超计划或者超定额取水的，超出计划或定额不足20%的水量部分，在原标准基础上加1倍征收；超出计划或定额20%及以上、不足40%的水量部分，在原标准基础上加2倍征收；超出计划或定额40%及以上水量部分，在原标准基础上加3倍征收。其他超计划或者超定额取水的，具体比例和加收标准由各省、自治区、直辖市物价、财政、水利部门制定。由政府制定商品或服务价格的，经营者超计划或者超定额取水交纳的水资源费不计入商品或服务定价成本。

对高耗水、高污染行业实行差别化地下水水资源费。对发电、钢铁、化工、造纸、酿酒等行业中属于限制类、淘汰类的企业，或上述行业的企业中属于限制类、淘汰类的生产能力、工艺技术、装备部分，以及高污染企业用水，实行“差别水价”。在现行水资源费和城市公共供水超定额、超计划用水加价的基础上，限制类企业或企业中限制类生产能力、

工艺技术及装备部分加 1 倍；淘汰类企业或企业中淘汰类生产能力、工艺技术及装备部分加 3 倍；污染严重的企业在限制类、淘汰类水价的基础上加 1 倍。建议对高尔夫球场、人工滑雪场、洗车和洗浴 4 个高耗水行业实行定额用水制度，并按照不低于现行商业用水水价 4 倍的收费标准进行征收；对超定额用水的，按现行商业用水水价 4 倍对超出部分进行征收，并采取限供或停供等强制措施。

5 南水北调受水区地下水水资源费征收标准的确定原则、基本思路及目标

5.1 南水北调受水区地下水水资源费征收标准的确定原则

5.1.1 分区分类、因地制宜

尊重各地实际，保障区域公平和代际公平，既要体现不同地区的水资源环境差异，又要使任何人不因所在区位的原因而在水资源的使用上受到不合理的歧视，当代人对地下水水资源的使用不应危及后代人享用共同水资源的权益。

5.1.2 代际公平、区域公平

在水资源的调整上，要综合当代人和后代人在利用水资源、满足自身利益、谋求生存与发展上的权利均等，当代人的发展不能危及和损害后代人生存和发展所需要的资源环境。同时，平衡不同地区的水资源费征收标准差距，保障城乡居民不因所在地区不同用水负担有很大差距。

5.1.3 全局站位、统筹衔接

南水北调受水区地下水水资源费征收标准的确定不仅要从经济效益出发平衡地下水和南水北调水供水价格间的差价关系，更要统筹考虑地下水超采造成的严重的生态与环境问题，根据不同地区的环境破坏和污染程度，制定体现生态环境价值的合理水资源费。同时，要打破单一部门、地方政府或企业利益，从全局出发，设置南水北调水对当地地下水的置换过渡期，研究南水北调水置换不同地下水使用的优先顺序和推进步骤。

5.1.4　注重结构、推动转型

水资源费征收标准不应单一化，不同地区、不同用水量、不同水源、不同用水户的水资源费征收标准应有所不同。在合理确定水资源费征收标准总体水平的情况下，要更注重水资源费的内部结构，在生态环境等外部成本无法内部化的情况下，适当用价格用户差价来促进产业转型升级。

5.2　南水北调受水区地下水水资源费征收标准的基本思路

强化水资源费的重要生态底线维护、资源环境保护、经济杠杆调节作用，充分认识水资源费征收标准调整工作的重要性、动态性和长期性，统筹协调水与经济社会发展的，完善南水北调受水区的供水价格体系，保持不同水源、不同地区、不同用水户间合理的水资源费征收标准，加强水价体系的整体系统设计，有利于节约用水，有利于水源置换，有利于充分发挥南水北调工程的经济效益，有利于提高水资源的使用效率。

需要指出的是，一方面，水资源费征收标准的调整仅仅是保护地下水水资源政策的一个方面，不能替代其他政策；另一方面，要彻底解决水资源费问题，需要推动水资源费改税，在此之前，分析如何完善水资源费政策。解决以上两点的总体思路是综合施策、分区分类。

在水资源费征收标准的类型划分方面，要充分考虑农业的特殊性，农业水价总体偏低，农业节水是“建管价补”，即“工程 + 技术 + 价格 + 奖励”，价格在节水中的作用不宜放大。而且现行水资源费中农业是免征的，农业用水交纳的是工程水费，其他用水户的水资源费按研究标准进行调整。在分区上，要明确现行地下水的采用绝大部分未纳入管网覆盖范围内，地下水水资源费征收标准调整是不涉及的，只能调整自备井的水资源费，提高地下水使用者的使用成本，加强使用监管，提高采用地下水的耗电费用。

5.3　确定南水北调受水区地下水水资源费征收标准的主要目标

5.3.1　总体目标

充分发挥市场价格引导机制的作用，将水资源费标准调整作为一项长期的、重要的工作，建立地下水水压采的激励性水资源费和水价政策，通过调整水价和地下水水资源费等经济手段，配合行政和政策手段，引导用水户减少开采甚至停止使用地下水，优先利用南水北调水，积极使用地表水、再生水等水源，优化水资源配置，使南水北调工程的经济效益最大化。

（1）地下水的水资源费标准高于地表水水资源费标准，深层地下水标准高于浅层地下水的标准；水质较好的水资源费征收标准应高于水质较差的水资源的征收标准，对矿泉水、地热水，其征收标准需明显高于地下水标准。

（2）限采区自备井开采地下水成本与使用自来水成本基本持平；禁采区自备井开采地下水成本略高于使用自来水成本。管网覆盖范围内直接取用地下水的，地下水水资源费征收标准要高于南水北调水、引黄水和自来水终端水价。

（3）不同用水量、不同用户、不同地区实行不同的水资源费征收标准，水资源费促进节水和水源置换的重要作用才能得以体现。

5.3.2　阶段目标

（1）近期目标（2015—2020）：南水北调受水区地下水水资源费征收标准有所提高。基本建立分区分类的地下水水资源费征收标准体系，初步建立地下水水资源费征收标准的动态调整和区域衔接机制。不同水源的供水价格体系不断完善，促进节约用水和水源置换效应逐步显现。

（2）远期目标（2020—2025）：分区分类的地下水水资源费征收标准体系不断健全，动态调整和区域衔接机制更加完善。完善的南水北调受水区供水价格体系基本形成。随着南水北调配套供水工程的建成完善，南水北调水将成为受水区生产生活用水的重要水源，推动地下水压采目标的实现。

6　南水北调受水区地下水水资源费征收标准调整的主要内容

6.1　结构化调整南水北调受水区地下水水资源费征收标准

本书试图进一步理顺水资源费征收标准在不同水源、不同地区、不同用户间的比价差价关系。

6.1.1　大幅度提高城市管网覆盖范围内的地下水水资源费征收标准

既要考虑城市公共供水管网尚未覆盖地区的用户生产和生活用水，保留一部分自备井和允许一定的地下水取水量；同时也要充分认识到自备井对地下水水资源存在超采、污染以及利用效率低等问题，在城市公共供水管网覆盖的区域提高利用自备井取用地下水的水资源费，确保城市公共供水管网覆盖范围内利用自备井取用地下水的成本远远高于利用城市公共管网供水的成本。具体措施如下：一是大幅度提高自备井的水资源费征收标准；二是强化用水计量和监管；三是提高采用地下水电耗的电价。

6.1.2　制定分区地下水水资源费征收标准

6.1.2.1　严格、科学地划分潜力区、限采区和禁采区

南水北调受水区也存在地下水水资源丰缺程度的差异，对地下水匮乏的地区和地下水污染严重的地区要执行更高的水资源费标准。既要严格控制地下水的开采总量，也要控制开采布局，防止局部超采。确保地下水水资源费征收标准在潜力区与自来水扣除污水处理费后的终端水价基本持平，在限采区高于自来水扣除污水处理费后的终端水价，在禁采区大幅高于自来水扣除污水处理费后的终端水价。根据调研情况，目前

限采区和禁采区的征收标准并没有差异，没有充分体现遏制对地下水水资源的浪费。基于保护地下水的目标，在公共供水管网覆盖的区域，调整限采区自备井开采的地下水水资源费，使最终水价与使用自来水的成本基本保持一致，同时要严格控制限采区自备井的数量，禁止新打井，已批准开采的单位严禁新增许可水量，逐步减少限采区自备井的开采量；对公共供水管网覆盖的区域，同样需要对禁采区的自备井开采的地下水水资源费进行调整，使通过禁采区自备井开采的地下水终端水价高于使用自来水的成本，同时在禁采区内严禁新打开采井，现有的自备井严禁新增地下水取水量，加强地下水用户取水许可管理，促使用户用地表水、南水北调水或者海水淡化水等水资源替代对禁采区地下水资源的使用。

6.1.2.2　考虑按地市级、县以下级别进一步划分水资源费征收标准

水资源费征收标准的确定目前主要以各地市为主，各地水资源费的调整又以行政区划为主。在我国城镇化水平快速提高、城市行政级别与城乡居民收入水平高度相关的情况下，按行政级别划分水资源费征收标准，可以充分考虑不同区域间的居民收入差距。可操作性的办法是按地市级、县以下级别进一步划分同一地区水资源费征收标准，地市级征收标准高于县以下级别。

6.1.3　制定分类地下水水资源费征收标准

6.1.3.1　针对水质的分类

水质较好的水资源费征收标准应高于水质较差水资源的征收标准，对于矿泉水、地热水，其征收标准应明显高于地下水标准。2014 年中国地下水水质分析数据显示，地下水中水质较差和水质极差的占绝对数量，主要的地下水污染指标中，除总硬度、锰、铁和氟化物可能由于水文、地质、化学背景值偏高外，“三氮”污染情况严重，部分地区还存在一定程度的重金属和有毒有机物污染（图 6.1）。因此，对地下水的保护，除了从数量上进行控制外，还需要从水质上进行区分。

我国各地水资源费征收办法中规定，矿泉水和地热水与一般地下水征收同等的水资源费，这使这些同时具有水资源和矿产资源特性的优质水源与一般自来水相差无几，无法体现地热水、矿泉水的实际价值，易

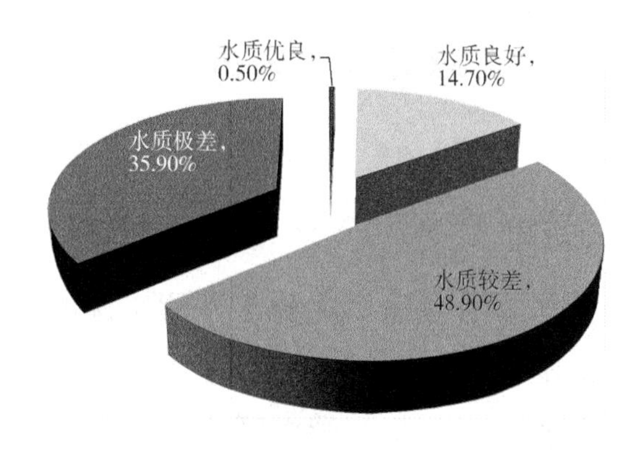

图 6.1　2014 年地下水水质监测结果

造成水资源的浪费。因此，对这部分水资源收取的水资源费也需要区别对待。海南省已在 2010 年进行了尝试，对矿泉水和地热水不仅征收水资源费，还收取矿产资源补偿费，一定程度上提高了使用这部分优质地下水资源的成本，但水资源费仍旧保持与一般地下水水资源同等的收费标准。本书认为，不宜使用广义的矿产资源补偿费概念，这会增加不同部门间的协调成本，而应将矿产资源补偿费纳入水资源费，提高水质优良的地下水水资源费征收标准。通过对水质优良的地下水收取更高的水资源费，体现其市场价值和环境价值，尤其是地热水、矿泉水等具备双重属性的优质水资源，需要政府通过收取更高的水资源费等途径，减少用户和供水企业对这部分水资源的利用，进而实现有效保护。

6.1.3.2　针对不同用水户的分类

逐步调整规划地下水水资源费征收标准的用户类别划分，合理确定差价关系。具体来说，可以将用水部门划分为居民、非居民、特种行业，其中，特种行业包括洗车、洗浴、纯净水、矿泉水、地热水、矿井疏干水、电力企业用水及其他。洗车和洗浴标准应统一，矿泉水、纯净水和地热水标准应统一，电力企业供中央和地方标准应统一，以体现公平竞争的价格引导机制。针对用户所处行业、用户用水规模的不同，也需建立起不同的水资源费征收标准，对高污染、高耗能的产业以及用水规模较大的用户，征收较高的地下水水资源费，减少用水大户对地下水的需求，转变区域内地下水超采的现状，优化水源结构。

6.2　完善地下水水资源费征收标准

6.2.1　适当提高南水北调受水区地下水水资源费征收标准

调整南水北调受水区本地地下水源与外调水源的比价关系，确保在公共供水管网覆盖范围内，不同用水户使用本地地下水的成本高于使用外调水源的成本。目前，南水北调受水区内，地下水水资源费远低于南水北调水价，更低于南水北调水至用水户的终端水价。对受水区的居民用水户来说，自备水水资源费的征收标准应高于除污水处理费外的地表水水价；对受水区的城市供水企业来说，要保证进入水厂的不同水源中，取用当地地下水的成本高于使用南水北调水的成本，即当地地下水水资源费征收标准加上抽取地下水的成本（主要指电耗）应高于南水北调水价再加上输水成本。对比现行受水区地下水水资源费征收标准的现状，应逐步提高征收标准，使南水北调水转变为受水区主要水源之一，替代以地下水作为生产生活用水的水资源结构。

6.2.2　明确优先调整地下水水资源费的地区

根据我国南水北调受水区地下水资源的管理现状和存在的问题，将地下水控制性水位与地下水可开采量相结合，充分考虑地下水位的类别和特征，将受水区划分为需要优先加快调整地区、需要逐渐分步调整地区和逐步推进、动态调整地区，并以此作为地下水水资源费改革分区的基本单元，确定地下水水资源费的调整范围和幅度。

6.3　建立地下水水资源费征收标准的动态调整和区域统筹衔接机制

6.3.1　建立地下水水资源费征收标准的动态调整机制

水资源拥有量是一个动态变化的存量。随着自然气候的变化，会逐渐改变各地区的地下水资源储量；科技的进步和社会管理能力的提升也会提高地下水资源的利用效率，减少地下水开采过程中的耗水量；经济社会的发展也会改变区域内地下水的丰缺程度。地下水储量除了总量外，还有人均储量，一个经济快速发展的地区会集聚大量的人口，造成地下水人均储量的相对下降。区域内地下水资源的丰缺程度与自然因素、社会经济发展状况、科技进步状况密切相关，自然因素影响区域内地下水水资源的总储量，社会、经济、科技等因素则会导致区域内地下水水资源人均储量发生变化。因此，需要探索建立动态调整机制。

建立地下水水资源费征收标准的动态调整模型，根据实际情况调整影响地下水水资源的变量，并赋予其不同的权重，在科学合理的动态调整模型基础上，及时调整地下水水资源费征收标准，以增强水资源费征收标准的科学性和准确性，实现对地下水资源的保护。

6.3.2 建立地下水水资源费征收标准的区域统筹衔接机制

在按行政区划分水资源费征收标准的基础上，建立合理的地下水共用区域的征收标准衔接机制，对采用同片地下水的不同区域，应实行同一征收标准。对地表水来说，要建立流域内不同区域间水资源费征收标准衔接机制，避免上游水资源费过低，过量消耗下游水源，或者流域内地方政府竞相降低水资源费标准的恶性竞争，最后导致整个流域水资源枯竭。

6.4 积极探索实行区域综合水价

6.4.1 探索实行区域综合水价

以市或县为区域单位，将南水北调水纳入一定区域的用水总量，使长江水、黄河水、当地水等实现单一水价。从原水价格来说，不同供水单位有差别，但用水户的终端水价统一，是为了促进南水北调水的使用。具体实施步骤如下：通过开展现状地表水供水、用水、供水价格情况调查，明确区域外调水的初始水权，出台水资源优化配置的配套价格政策，制定区域地表水综合水价，促进科学有效用水。同时，配套推进水资源管理体制改革，城建部门管理城市的自来水和地下水采集系统，而水利部门管理黄河、长江、淮河和当地水利工程等水源系统，将这种“多龙管水”变为“一龙管水”，由水务局统一管理，实现水务一体化。对水资源实行统一管理、统一调度、统一配置，达到优化资源配置的可持续发展的目的。

6.4.2　研究设立受水区南水北调水置换地下水的规划控制量

南水北调水置换地下水需要一个过渡期。有些地方南水北调水替代地下水可以实现，但不能马上置换过来，不是一个文件下去就可以置换的。对于管网配套等无法完成的受水区，直接提高地下水水资源费征收标准对居民、企业影响大，应根据南水北调水置换地下水的规划控制时间，加快管网配套建设；对需要对水质要求强的产品或工艺等进行改造的项目，也应设置过渡期，引导企业主动进行技术改造。各级政府应与南水北调办共同努力，成立专项受水区水源置换基金，引导配套工程和技术改造项目建设。综合研究南水北调水用途的效益，在配套工程未建设完备且南水北调已通水的情况下，可以考虑将南水北调水直接用于受水区补充地下水，以减少压采投入。

6.5　优先在受水区试点开征水资源税

6.5.1　开征受水区农业用地下水水资源费

根据南水北调受水区地下水压采方案，居民、工业用地下水优先置换南水北调水，可以预见，“十三五”时期，居民和工业使用地下水量会逐步减少。受水区地下水使用主体将主要为农业部门，而农业又是用水大户。因此，需要在坚持综合施策的基础上，结合国家在河北省试点水资源税的情况，先开征农业用水水资源费，明确农业用地下水水资源费的调整思路。一是调整减免农业水资源费政策，开征农业水资源费；二是建立“先征后返”的退费或退税机制，奖励农业节水措施的实施。

6.5.2 试点水资源费改税

资源税是既体现资源有偿使用，又体现调节资源级差收入，发挥两种调节分配功能的税种，其征收原则为“普遍征收，级差调节”。目前，我国水资源费征收标准的调整是纳入总体水价调整范围，实行价格听证会制度。从理论上讲，水资源费是资源水价，与工程水价和环境水价不同，水资源费要基于水资源的稀缺程度来调节供给，体现国家对水资源的所有权，归政府使用和管理，从这一角度来看，水资源费的合理形式应该是水资源税，水资源费征收标准的调整也不应纳入公共产品的价格听证会制度。

与开征资源税的其他资源相比，水资源具有不可替代性、可再生性、随机性和流动性、相对稀缺性、供水的区域性和垄断性、可重复利用性、多来源性、利害双重性等特征。因此，水资源税率标准的设计应有与其他资源不同的特点。水资源税税制设计如下。

（1）纳税人。我国现行资源税的纳税人是“在中华人民共和国境内开采应税矿产品或者生产盐的单位和个人”。由于水资源税法从属于资源税法，按照资源税法的立法精神，水资源税的纳税人应当是“在我国境内开采水资源的单位和个人”。然而，水资源的流动性决定了水资源的开采者并非最终使用者，仅对水资源的开采者征税显然不能体现税负的公平性。因此，在水资源税纳税人的确定上，我国可以借鉴法国水资源税的立法经验，把一切水资源的开采者和消费者均确定为水资源税的纳税人，以体现水资源税的公平性及其调节水资源配置的功效。

（2）计税依据。我国现行资源税的计税依据是应税产品的销售数量或者自用数量。依据资源税的立法精神，水资源税的计税依据应当是水资源的开采数量或者使用数量。由于水资源是具有极强流动性的自然资源，对其计税依据的确定应具有一定的特殊性。首先，在开发环节，应就水资源的开采量征收一定数额的水资源费；其次，在消费环节，应当和现行水资源费采取相同的形式，按照用户的实际用水量课征相应的税额。在开采和消费两个环节双重征收水资源税能够起到较好的税负公平、促使使用者节约用水的作用。

（3）征税对象。水资源税的纳税对象应界定为开采或消费的各种天然水，包括地表水、地下水、矿泉水、地热水等。需要说明的是，水资源税的纳税对象应为有资源属性的自然水，而不是经加工后的商品水，如纯净水就不应列为纳税对象。水资源税的纳税范围具体包括工业企业用水、生产经营用水、地表水、勘探建筑所利用的地下水、居民生产生活用水等。

（4）税率。水资源税税率的设计应强调区域的差异性和行业的差异性。为了促进居民纳税人节约用水，在设计水资源税率时可以采取分段税率的计税方法，即针对居民纳税人设定一个基本的用水量，在基本用水量以内实行较低档的税率来计征水资源税，超过基本用水量的部分则按照基本税率的1.5~3倍来征税，以达到减轻居民纳税人负担、促使其节约用水的功效。

（5）征税主体。按照资源税法的规定，水资源税作为全国的地方性税种，其征税主体应当为各地的地方税务局。水资源费改成水资源税的形式征收后，征收主体理应由原来的水利部门变为现行的地税部门。这主要是为了规范水费的征收程序，有效划分税费的征收权，充分保证水资源税的专款专用。同时，地税部门征收水资源税还有利于把征收的税款用于本地水资源的研究、开发与保护，能够有效体现税款取之于民、用之于民的功效。

（6）征税环节。我国的水资源税应当在开发和消费两个环节分别计征。在开发环节计征水资源税能够做到源头课征，体现税负的公平性，在消费环节计征则体现了“谁使用，谁负担”的征收原则。需要说明的是，在消费环节课征仅限于初次消费，二次及以后的消费无须重复征收水资源税。以纯净水为例，在生产环节生产厂家已经就使用过的水资源缴纳了水资源税，而消费者购买纯净水则属于二次消费环节，无须重复纳税。

（7）减免税。由于开征水资源税的目的在于节约用水、提高水资源的使用效率，在设计水资源税制时应当设置一定的减免税条件，以达到调整级差收益、公平税负的效果。综合考虑当前我国的用水现状，可以设置以下几个减免税条件：①对农村居民的生活用水、家畜家禽的养殖用水以及农田山林的灌溉用水，可以给予免税；②针对城市绿化等公益性项目的用水，可以给予免税；③对于循环利用的污水，可以给予免税优惠；④对使用节水设备的企业，可以给予低税率的税收优惠。

7　完善南水北调受水区水资源费的配套措施

单靠提高地下水水资源费征收标准在节约用水和加快水源置换方面作用有限，还需要改革和完善水资源费征收管理体制，强化配套措施和配套设备建设。

7.1　完善自备井取水计量设施

为保护地下水资源，减少对地下水的超采，除了严控新建自备井数量外，还要减少原有自备井对地下水的开采量。无论是总量控制，还是加征水资源费，关键是要完善自备井取水计量设施，确保自备井取水量得到准确计量。因此，第一，要加强供水计量设施建设，将供水计量设施的安装、更新和改造纳入水价改革体系统筹考虑，制定切实可行的供水计量设施建设规划，逐步提高覆盖率。对拒不完善自备井取水计量设施的单位，按水泵额定流量 24 小时运行计算取水量，充分发挥价格杠杆作用，减少自备井对地下水的超采。第二，实行城市和农村计量水表招标采购、政府补贴制度。户表改造费用是推行计量用水和阶梯水价的制约因素，建议对计量设施采取类似“家电下乡”、集中招标采购、政府统一补贴的办法。同时，要做好监督检查，避免出现安装计量设施但又未正常使用的情况。

7.2　改革水资源费征收管理体制

一是要明确水资源费征收环节。对直接取用水且便于取水环节监测的，如水利工程取水、引黄灌区取水等，在取水环节征收；对将地下水源或地表水源划归企业管理的，由于取水量不好监测，则从用水环节征收。

二是明确征收形式。明确城市自来水企业征收主体的地位，城市自来水是用水环节征收，不同行业设定不同的水资源费征收标准，明确企业代收和顺延机制，即水资源费价内征收，“一票到户”时独立设项目。这种征收方式虽然与“水资源费由取水许可审批机关征收”的规定并不完全吻合，却是实际操作中行之有效的办法，应予以确认。

三是水资源费调整不纳入听证程序。根据《城市供水定价成本监审办法（试行)》的规定，城市供水定价成本包括原水费、制水成本和期间费用3部分。其中，原水费是指城市供水企业为本区域供水服务购入原水的费用，包括购水费用和水资源费两项，水资源费按照规定据实计入定价成本。制水成本和期间费用由城市供水企业自行控制，原水费受水资源开采成本的影响，水资源费成为政府调控地方对水资源合理利用的有效工具。因此，水资源费调整变动后，无须听证，应直接顺延至水价。水资源费部分不交税，避免“双重负担”。

四是统一同一行业的水资源费征收标的。同一行业的水资源费征收标的各地方应统一，这有利于水资源的合理开发利用，促进地区间水资源开发利用的公平性，体现国家水资源费征收的严肃性。国务院水行政主管部门要尽快出台水资源费征收标的规范政策，指导各地方水资源费征收标的的制定，根据行业实际，合理确定水资源费征收标的。例如，水力发电、火力发电取用水水资源费征收标的建议统一为水量；水产养殖有粗养、精养和高密度精养等方式，为便于水产养殖业水资源费统一征收和统计方便，建议将水产养殖业水资源费征收标的定为养殖面积。

7.3 强化地下水水资源费征管

在已有政策条例规定的情况下，强化水资源费的征管需要从实际工作中贯彻落实相关规定，如增强水资源费征收的法律法规宣传工作，提高用水单位和个人对交纳水资源费的认识；加大对水资源费的征收力度，征收水资源费的水行政主管部门要联合工商、税务和审计等部门开展专项清理，减少漏征、漏管和欠缴现象；强化对取水计量设施的监控，确保水资源费征收基数的准确性；加大对水资源费征收使用的审计监督力度，对水资源费的征收机构、使用范围、征缴对象进行监督，严查水资源费是否按比例准确划分、及时足额入库，是否存在漏征、漏管、欠费现象，是否存在截留、挪用问题等，确保水资源费能充分发挥对地下水资源的保护作用。

要尽快研究制定直接取用水资源从事农业生产的用水限额，并按照减轻农民负担和促进节约用水的双重目标来确定超过用水限额的水资源费征收标准。一方面可以用经济手段抑制用水浪费现象；另一方面可以用征收的部分灌溉水资源费成立节水灌溉专项基金，专款专用，资助渠道防渗建设，发展节水灌溉技术，形成收费与用水良性循环。

7.4 加强地下水水位常态监测和应急监测

地下水水位的常态监测是指在相对平稳和正常运行状态下，在社会和自然环境下进行的管理，目的是维持正常的地下水开发和保护，减少应急事件发生，是对地下水水位的控制管理。地下水水位的应急监测是指在特殊情况下，需要采取某些超出正常工作程序的行动，以避免发生地下水位大幅升降或减轻地下水位变化后果，目的是维持地下水资源的可持续开发和有效保护。地下水水位的常态监测和应急监测存在依存关系和转换关系，为减少地下水水位的突发事件和应对突发事件常态化的趋势，需要将应急监测和常态监测结合起来，进行统筹管理；深入落实精细化管理要求，建立动态监测报告制度，对地下水水位、水温、污染防控等数据进行整理分析，监测范围要逐步覆盖所有地下水超采区和禁采区，增加监测井数量，形成大量、长时间序列的浅层和深层地下水水位数据。

7.5 理顺地下水资源管理体制

（1）尽快改革现有的城市水务行政管理机构，建立独立的、专业化的、职能相对集中的水务监管机构，加强水务监管机构的权威性和统一性。监管职能的纵向配置要充分考虑城市水务行业的地域性和差异性，给予地方城市水务监管机构一定的自由裁量权，使其能够根据本地情况因地制宜地进行监管。

（2）着眼于水资源优化配置和形成统一水业市场，中央水务监管机构具有制衡和协调地方水务监管机构的权力。严格区分水务行业政策规划职能、水务行业监管职能和国有水务资产管理等权限，水务政策规划职能由各级发改委负责，水务监管职能由各级水务监管机构负责，国有水务资产管理由各级国资委负责，三者各司其职，同时也要加强沟通协调。

（3）区分城市水务中的公益性事务和经营性事务，政府逐步将制水、供水等具体服务移交给企业，主要承担公益性城市水务的公共服务职能和经营性城市水务的监管职能。监管职能体现在监管供水服务质量、监管水价、监管供水安全和监管城市水务中国有资产的运营与管理。

7.6 建立地下水压采生态补偿机制

地下水压采的生态补偿机制是对由地下水资源开采造成的不良生态后果进行治理、恢复、修正等所需的资金扶持、财政补贴、政策倾斜、技术支持和工程治理等一系列措施的总称。首先，要坚持“谁污染，谁治理；谁受益，谁补偿”的原则和公平原则，全面将外部成本内部化，减少地下水超采带来的社会、环境方面的负面影响；其次，要准确界定补偿的主体、客体和补偿标准，明确受益方和受损方，并充分补偿地下水开采对经济、社会和环境带来的负面影响；最后，要明确补偿途径，包括资金、技术、政策和工程补偿等，有效保护和恢复地下水资源的储量。

8 专题一："十三五"时期全国水资源费征收标准的制定及调整

8.1 水资源费征收标准的现状与主要问题

2013年，国家发展改革委、财政部、水利部出台《关于水资源费征收标准有关问题的通知》，进一步加强水资源费征收标准的制定和征收管理，并提出"十二五"末各地区的水资源费最低征收标准，各地的水资源费征收标准开始相继调整。截至2015年10月底，全国31个省、市、自治区中，有13个地区调整了水资源费征收标准，而包括山西、辽宁、黑龙江、山东、河南、广东、云南、陕西、青海等在内的多个地区仍未调整。

8.1.1 水资源费征收标准调整的主要特征

我国现行水资源费征收标准除基本体现了不同水源取用水的区别、不同行业间的差异外，2013年以来，我国水资源费征收标准及其调整变动还体现了以下特点。

8.1.1.1 地下水尤其是特种行业水资源费征收标准提高幅度较大

2010—2015年，水资源费征收标准全国总体水平不断提高，平均提高幅度达到42.33%，其中，地表水水资源费征收标准平均提高幅度为24.8%，地下水为49.8%。地下水水资源费征收标准提高幅度较大，提高幅度最大的前三位是洗车行业（提高了88.7%）、纯净水矿泉水行业（提高了60.2%）、地热水（提高了57.98%）（表8.1）。

表 8.1 地表水与地下水水资源费征收标准调整

标准年份	地表水（元/米³）			地下水（元/米³）						
	居民	工业	城市供水企业	居民	工业	城市供水企业	洗车	洗浴	纯净水矿泉水	地热水
截至 2010 年年底	0.193	0.248	0.174	0.564	0.61	0.369	8.391	9.442	6.885	1.385
截至 2015 年年底	0.234	0.309	0.224	0.678	0.86	0.522	15.839	13.148	11.031	2.188
变动幅度（%）	21.34	24.48	28.66	20.22	40.98	41.45	88.76	39.25	60.22	57.98

8.1.1.2 水资源费征收标准用户（行业）分类日益细化

我国城镇自来水用户基本分为居民、非居民和特种行业 3 类，但水资源费征收标准划分用户类别较多，现行标准可分为农业、居民、工业、城市供水企业、特种行业、洗车洗浴、矿泉水和地热水、矿井疏干水、电力企业用水（分为水力和火力）等。一些地区在农业内部又细分类别，如内蒙古水产养殖、畜禽养殖征收水资源费，灌溉用水超定额地表水按 0.03 元/米³、地下水按 0.08 元/米³征收；吉林省种植养殖用水地表水按 0.003 元/米³、地下水按 0.004 元/米³征收，其他农业用水地表水按 0.003 元/米³、地下水按 0.005 元/米³征收，但暂不征收。这与这些地区农业水价综合改革试点，探索对农业水价按农业种植类别划分相关。

8.1.1.3 实行单一水资源费与累进水资源费相结合的征收标准

部分地区开始探索累进水资源费，在具体实施中通过对超额水资源征收更高标准的费用，实行累进式水资源费。例如，从 2009 年 4 月 1 日开始，广东开始执行新的水资源费征收标准，以促进社会节约用水。其中，对企业的超额取水部分实行累进加价制度，如果企业超额用水超过三成，将被叫停并要求限期整改。其中，新的征收标准中对高耗能、高污染企业的水资源费在所公布的分类标准的基础上加收 50%；对超额取水部分实行超定额累进加价制度：超额取水不足 10% 的部分，加收 1 倍水资源费；超额取水 10% 以上不足 20% 的部分，加收 2 倍水资源费；超额取水 20% 以上不足 30% 的部分，加收 3 倍水资源费；超额取水 30% 以上的，取水许可审批机关应当责令其暂停取水，限期整改。

8.1.1.4 按水源状况、不同行政区划分类征收地下水水资源费

（1）除按地表水和地下水源划分水资源费征收标准外，很多地区还

按地下水的不同超采状况进一步分类。例如，安徽淮河流域及合肥、滁州的水资源费征收标准是地表水 0.12 元/米^3，其他地区 0.08 元/米^3；浅层地下水是 0.15 元/米^3。江苏省浅层地下水苏锡常地区是 2.7 元/米^3，其他地区是 1.2 元/米^3，深层地下水则更高。

（2）在区域分类上，一个地区的经济社会发展水平越高，地区行政级别越高。为保障不同地区居民用水负担的公平性，很多地区都按行政区划分类。例如，河北省县级城市及以下按设区市标准的 50% ~70% 征收水资源费；云南省在城市规划区的地下冷水与城市供水价格采用同一标准，地下热水为城市供水价格的 2 倍以上；重庆市部分区县地下水标准低于全市平均标准。

（3）充分考虑各地实际，对自备井取用地下水水资源费，区分公共管网覆盖的不同情况。例如，湖北对公共管网覆盖内取用地下水，按当地工业用户的自来水价格执行；江西对公共管网覆盖内取用地下水加倍征收、超采区加倍征收，采矿未安装计量设施，按原煤或原矿 1 元/吨征收。

8.1.2　水资源费与相关水价的比价差价关系

8.1.2.1　地表水与地下水水资源费征收标准

水资源费征收标准从不同水源来看，可分为地表水和地下水两类。城市居民用水地下水水资源费征收标准是地表水的 2.9 倍左右，非居民为 2.7 倍左右，城市供水企业为 2.3 倍（图 8.1）。

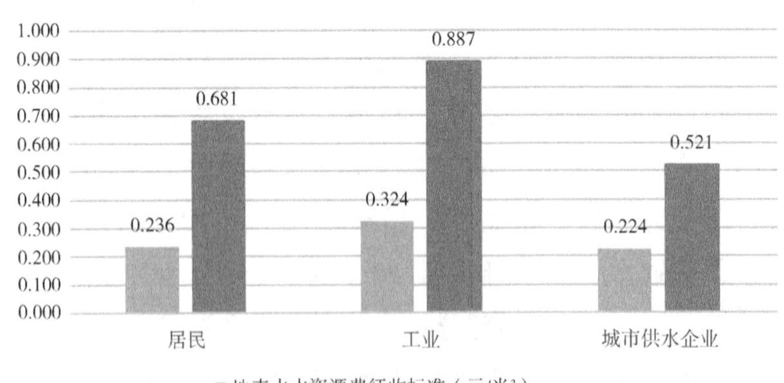

图 8.1　地表水和地下水水资源费征收标准

近年来，特种行业地下水和地表水水资源费征收标准提高幅度较大，但比较地表水和地下水两种水源的提高幅度会发现，地下水水资源费征收标准提高幅度较慢，远低于地表水源。特种行业的地表水水资源费远高于地下水水资源费征收标准，这种不合理的差价关系延续到2015年，且差距不断拉大（表8.2和表8.3）。

表8.2　地表水和地下水水资源费征收标准的差价关系

单位：元/米^3

	居民	工业	城市供水企业
地表水	0.236	0.324	0.224
地下水	0.681	0.887	0.521
差价关系	0.445	0.563	0.297
地下/地表	2.884	2.737	2.327

表8.3　地表水和地下水水资源费征收标准的比价关系

单位：元/米^3

	居民	工业	城市供水企业	比价关系
地表水	0.236	0.324	0.224	1∶1.4∶0.9
地下水	0.681	0.887	0.521	1∶1.3∶0.7

8.1.2.2　不同用水户水资源费征收标准

各地用水户分类标准不同，有些地区划分较细，且针对特定行业实行不同的征收标准。总体来看，用水户可分为农业、居民、工业、城市供水企业、特种行业、洗车洗浴、矿泉水和地热水、矿井疏干水、电力企业用水（又分为水力和火力）等。水资源费征收标准的确定基本上反映了不同行业间的差异，起到了一定的宏观调控作用。具体体现为对农业用水征收较低的水资源费，对洗车、洗浴等行业征收较高的水资源费，对公共服务行业征收相对较低的水资源费等。水资源费征收标准由高到低呈现出高耗水的高消费行业、工业、居民、农牧业的排列顺序。

（1）居民、工业和城市供水行业差价。不同国家对水价差价存在认识上的分歧。价格中性观点认为，在各类用户间不应存在太大的水价差异，除非供水服务成本存在差异，否则就是价格歧视，不利于资源优化配置，这是伦敦2014年水价改革后取消用户差价的主要考虑。支持用户差价的观点认为，应考虑不同用户的水价承受能力，对重要基础性产业给予保护和支持，水价可以成为宏观调控的有效手段，不同国家都对农业水价实行优惠政策正基于此。此外，对不同用户种类的政策倾向也大不同，如有些国家基于效用价值论，认为居民用水价格应该高于工业用水价格，因为单位居民用水的效用是比较高的，而工业用水带来的效用较低；有些国家认为居民用水是基本生存需求，需要保持居民用水价格低于工业用水价格。

综合分析不同观点，结合我国国情，本书认为，对不同用户实行不同价格是为了推动总预算约束下的社会福利最大化，在我国经济转型时期，生态环境、资源约束等外部成本无法内部化的情况下，可适当运用价格手段来促进产业转型升级。供水价格间的产业差价关系体现了不同国家的不同产业政策导向。

居民、工业和城市供水企业用户间，地下水用户差价低于地表水，说明地下水水资源费征收标准的用户差价未合理拉开。对城市供水企业，其取用地下水水资源费征收标准较低，远低于居民标准，有两方面原因：一是保障城市供水企业的取用水成本；二是考虑到城市供水企业制水、输水上的漏损。但城市供水企业是重要的耗水行业和取用水行业，它在节约用水方面发挥着重要作用。因此，城市供水企业的用水标准应等同于居民用水标准。

（2）特种行业取用水资源费差价。特种行业取用水水资源费远高于其他行业。矿泉水取用地表水水资源费征收标准是居民用水的40倍左右，地下水是居民用水的16倍左右。从全国平均水平来看，最高的为矿泉水纯净水取用地表水，其标准为31.29元/米^3，其次是洗车行业取用地下水，其标准为14.99元/米^3。

（3）中央和地方电力企业取用水水资源费的差价。发电用水水资源费征收标准分为水力发电和火力发电、供中央企业和地方企业两类。从全国平均水平来看，水力发电供中央企业高于供地方企业，火力发电直流式供中央企业高于供地方企业，火力发电循环式供中央企业低于供地方企业（表8.4）。

表 8.4　全国发电用水水资源费征收标准

单位：元/米^3

地区	水力发电	火力发电	
		直流式	循环式
全国平均（中央）	0.0059	0.0055	0.0355
全国平均（地方）	0.005	0.003	0.168

从区域分布来看，各省区差距较大，有些省区水力发电供中央企业高于地方企业，有些则是供地方企业高于中央企业。差距主要体现在水力发电和循环式火力发电上，直流式火力发电对中央和地方企业征收标准相同（表 8.5）。

表 8.5　全国发电用水水资源费征收标准供中央和地方的差距

单位：元/米^3

地区	现行标准颁布年份	中央		地方	
		水力发电	循环式火力发电	水力发电	循环式火力发电
天津	2010		0.02		1.6
黑龙江	2010	0.008	0.1	0.01	0.1
江西	2013	0.005		0.003	0.0015（千瓦・时）
湖南	2009	0.005		0.003	0.001
重庆	2009	0.005		0.003	
云南	2004	0.008	0.015	0.01	0.015
西藏	2009	0.005		0.003	
宁夏	2013	0.005		0.003	
新疆	2005	0.005		0.004	

8.1.2.3　不同用水量水资源费征收标准

从不同用水量来看，大多数地区实行超定额累进加价制度，这主要体现在农业用水上。对其他用水户同样实行超定额加价，但是非累进制度，而是实行较低的水资源费征收标准。例如，贵州省规定，年取水量超过1200立方米，征收标准地表水按 0.04 元/米^3，地下水按 0.08 元/米^3 征收；低于定额的，征收标准地表水按 0.06 元/米^3，地下水按 0.12 元/米^3 征收。

8.1.2.4　不同地区水资源费征收标准

不同地区居民用地表水水资源费征收标准与本地区的人均水资源量相关性不大（图 8.2），低于居民用地下水水资源费征收标准与本地区的地下水占供水总量比重的相关性（图 8.3）。

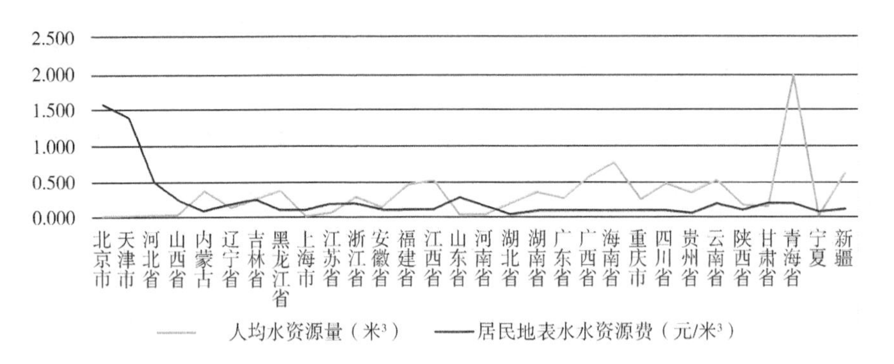

图 8.2　不同地区居民地表水水资源费征收标准与人均水资源量的关系

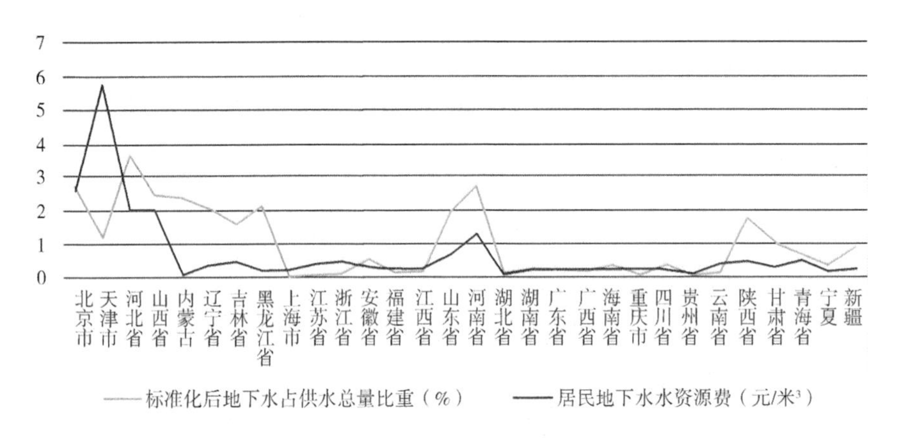

图 8.3　不同地区居民地下水水资源费征收标准与地下水资源量的关系

8.1.3　确定水资源费征收标准面临的主要问题

一是地下水水资源费征收标准调整幅度较地表水低，征收标准总体水平较低。特种行业的地表水水资源费远高于地下水水资源费征收标准，这种不合理的差价关系一直延续到 2015 年，且差距不断拉大。

二是居民、工业和城市供水企业用户间，地下水用户差价低于地表水，说明地下水水资源费征收标准的用户差价未合理拉开。城市供水行业用水水资源费征收标准应等同于居民标准，而不应低于居民标准，可减少漏损率。

三是水资源费水量差价仍未全面实行，取用水许可定额的节约用水作用仍有待发挥。针对超定额后应是累进加价、累退加价，还是按一定比例征收，仍有待研究，这与我国的水价政策相关。世界各国普遍实行水量差价，无论是居民、非居民用水，都按用水量多少实行不同的水价和水资源费。本书认为，可以引入水资源费的水量差价。

四是由于我国地下水资源保护紧迫性增强，深层地下水应严禁开采，开采即破坏，但实践中深层地下水在一些地区仍在使用。

五是水资源费征收标准区域差价仍有待调整和完善。"十二五"期间征收指导标准区域间差距仍较大，太注重水资源供求关系对水资源费的影响，对区域公平有所忽视。

8.2 "十三五"期间水资源费征收标准的确定

8.2.1 "十三五"期间水资源费征收标准的总体水平

由于不同国家水价政策、水资源禀赋情况、供水价格管理体制等的不同，简单对比不同国家的水资源费征收标准很难直接得出对总体水平高低的判断。本书尝试从用水户承受能力国际比较的角度来加以分析。

从水资源费占水价的比重来看，各个国家差异很大。例如，丹麦的淡水资源完全是地下水，几乎没有地表水可以利用，其水资源保护税占自来水总价的15%～20%；法国水资源保护税占供水和污水处理总成本的2%～5%；英国水资源保护税占全部供水和污水处理成本的1%左右。

从现行水资源费征收标准的执行情况来看，结合调研情况，我国各地水资源费收取率差距较大，部分地区水费实收率明显偏低，有些地区甚至只有百分之十几的收取率。"十三五"期间水资源费征收管理体制如果不能得到完善，水资源费征收标准的调整将难以实现其价格杠杆、供需调节、水源置换等多重效用。

8.2.2　水资源费征收标准的结构

8.2.2.1　地区差价分析

本书采用模糊数学模型法，对不同地区的水资源费征收标准进行理论测算①。水资源费征收标准测算的指标体系如表 8.6 所示。

表 8.6　水资源费征收标准确定的指标体系

主体指标		群体指标			
指标名称	权重	序号	指标名称	权重	单位
水资源供求关系	0.5	C_1	人均水资源量	0.2	立方米
		C_2	地下水资源量	0.2	亿立方米
		C_3	地下水占供水总量比例	0.2	%
		C_4	人均用水量	0.2	立方米
		C_5	农业用水占比	0.2	%
经济社会发展水平	0.5	C_6	人均 GDP	0.3	元
		C_7	居民消费水平	0.35	元
		C_8	居民人均可支配收入	0.35	元

从综合评价指数（表 8.7）与现行标准的比较来看，现行水资源费征收标准与综合评价指数差距较大的地区有山西、河北、北京、辽宁、内蒙古、上海，其中，前三个地区水资源费征收标准较高，后三个地区水资源费征收标准较低（图 8.4）。

表 8.7　水资源费征收标准模糊综合评价指数

地区	人均水资源量（立方米）	地下水资源量（亿立方米）	地下水占供水总量比重（%）	人均用水量（立方米）	农业用水占用水总量的比重（%）	人均 GDP（元）	居民消费水平（元）	居民人均可支配收入（元）	综合评价指数
北京	0.022	0.087	2.709	0.329	0.431	1.994	2.127	2.223	1.3101
天津	0.023	0.023	1.161	0.314	0.833	2.109	1.625	1.438	0.9121
河北	0.039	0.562	3.698	0.498	1.180	0.816	0.741	0.830	0.6388

① 模糊数学模型具体指标和权重确定及计算过程参见姬鹏程、张璐琴编著：《珍惜生命之水，构建生态文明：供水价格体系研究》，北京科学技术出版社 2015 年版。

续表

地区	人均水资源量（立方米）	地下水资源量（亿立方米）	地下水占供水总量比重（%）	人均用水量（立方米）	农业用水占用水总量的比重（%）	人均GDP（元）	居民消费水平（元）	居民人均可支配收入（元）	综合评价指数
山西	0.050	0.366	2.450	0.382	0.953	0.733	0.760	0.825	0.5334
内蒙古	0.381	0.943	2.375	1.381	1.194	1.433	1.061	1.023	0.7035
辽宁	0.149	0.521	2.069	0.608	1.036	1.299	1.251	1.137	0.7099
吉林	0.252	0.549	1.597	0.887	1.061	0.996	0.855	0.873	0.5140
黑龙江	0.378	1.188	2.132	1.740	1.331	0.796	0.819	0.868	0.5121
上海	0.018	0.033	0.004	0.957	0.225	1.934	2.595	2.297	1.2146
江苏	0.073	0.422	0.083	1.324	0.886	1.594	1.400	1.354	0.7236
浙江	0.286	0.869	0.080	0.676	0.755	1.450	1.604	1.627	0.6674
安徽	0.158	0.585	0.548	0.917	0.903	0.673	0.760	0.832	0.3614
福建	0.461	1.216	0.141	1.021	0.764	1.232	1.122	1.161	0.4564
江西	0.517	1.511	0.180	1.065	1.066	0.674	0.744	0.829	0.1916
山东	0.047	0.696	1.912	0.427	1.114	1.198	1.055	1.039	0.5942
河南	0.043	0.655	2.749	0.468	0.926	0.726	0.729	0.779	0.5322
湖北	0.205	1.001	0.156	0.957	0.824	0.908	0.862	0.906	0.3537
湖南	0.356	1.412	0.259	0.927	0.936	0.782	0.819	0.876	0.2622
广东	0.274	1.805	0.184	0.800	0.812	1.246	1.515	1.279	0.4855
广西	0.590	1.748	0.175	1.216	1.099	0.649	0.731	0.772	0.1558
海南	0.768	0.423	0.349	0.937	1.238	0.756	0.735	0.865	0.2790
重庆	0.251	0.382	0.094	0.538	0.472	0.919	0.948	0.910	0.4156
四川	0.473	2.354	0.352	0.556	0.936	0.688	0.783	0.781	0.0915
贵州	0.340	0.922	0.068	0.515	0.824	0.489	0.589	0.611	0.1331
云南	0.526	2.228	0.160	0.600	1.102	0.528	0.681	0.687	0.0089
西藏	21.346	3.836	0.514	1.851	1.470	0.555	0.380	0.533	-2.1856
陕西	0.181	0.540	1.797	0.439	1.063	0.909	0.817	0.787	0.4623
甘肃	0.152	0.532	1.034	0.889	1.279	0.515	0.597	0.603	0.2833
青海	1.999	1.337	0.691	0.945	1.294	0.775	0.723	0.712	0.0681
宁夏	0.024	0.085	0.369	2.078	1.450	0.833	0.851	0.794	0.5016
新疆	0.619	2.167	0.908	4.757	1.543	0.791	0.720	0.750	0.5096

注：表中各指标除综合评价指数外均是标准化后数据，数据基础是2010—2013年的数据。

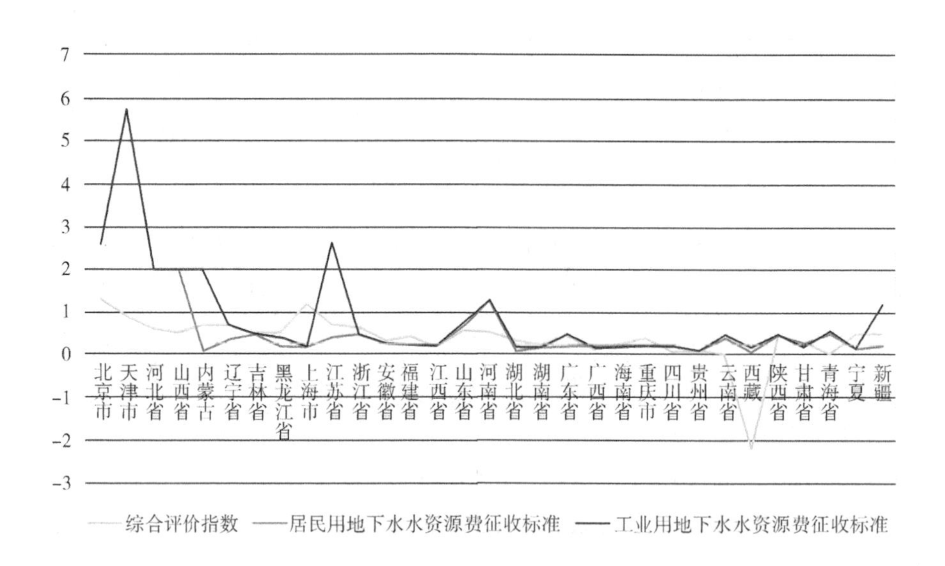

图 8.4　水资源费征收标准的评价指数与现行标准的比较

8.2.2.2　用户差价分析

提高水资源费征收标准是利用价格杠杆调节水资源分配的主要经济手段。由于水具有公共产品属性，不同用途的水资源费标准应采用不同的定价方法。耗水量大的特殊行业取用水水资源费征收标准应高于商业、服务业取用水的征收标准；商业、服务业取用水水资源费的征收标准应高于工业取用水的征收标准；工业取用水的征收标准高于生活取用水的征收标准；农业和林业生产取水的水资源费征收标准应当低于其他用水的水资源费征收标准，粮食作物的水资源费标准应当低于经济作物的水资源费标准。

对一些高耗能行业，其水资源费征收标准通常是一般标准的 2 ~ 3 倍。对某些高端取用水行业，如桑拿洗浴、豪华型游泳池、洗车场等特殊行业，水资源费征收标准通常是一般标准的 10 倍。若居民饮用水行业水资源费征收标准的指数为 1，则农业可能是小于或等于 1，一般工业水资源费征收标准应该高于居民饮用水行业，指数可以定为 1.5，“三高”工业定为 2 ~ 3，而高端消费业指数可以定为 10。

8.2.2.3　水量差价分析

各国普遍实行水量差价，无论是居民用水还是非居民用水，都按用水量多少实行不同的水价。对基本用水量，必须保障基本生活用水权利，可采用居民生活用水的第一阶水量作为水资源费征收的基本用水量，采用非居民和特种行业的定额内用水作为基本用水量。由于水资源费是促进节约用水的主体部分，水资源费的水量差价应至少等于甚至高于城市居民用水的三级阶梯水价，对非居民和特种行业用水，定额外的可累进加价，但对大用户，则可实行先累进后累退的水量差价。水资源费征收标准在具体水量阶梯级数划分上，随着经济发展水平的提高，可借鉴国际经验不断细化阶梯设置，增加阶梯级数，同时应拉开与各级水资源费之间的差距。

8.3 完善“十三五”期间水资源费征收标准的政策建议

8.3.1 出台《区域水资源费征收标准确定的指导意见》

8.3.1.1 确定水资源费征收标准的基本原则

征收水资源费的目的是调节水资源供求关系，促进节约用水。按不同用水户划分，可参考居民用水水价分类标准，对高耗水、高污染行业需执行较高的水资源费征收标准，以经济手段控制其用水量，推进用水方式的转变。高耗水、高污染行业主要集中在工业部门，这些行业既是污水、废水排放的主要污染源，也是重要的节水载体，对这部分行业不仅需要从行政手段上严控其规模和数量，还需要以经济手段调控其用水结构和规模。

8.3.1.2 确定水资源费征收标准的主要分类

现行水资源费用户类别划分较多，不同地区划分类别不同，可适当进行归类指导，这也是维护统一市场和公平竞争的要求之一。

按水资源用途划分，可分为工业用水和生活用水、一般行业用水和特殊行业用水等。不同行业水资源用途不同，其成本等也不同。因此，可根据水资源的用途，分别制定工业用水、发电用水、生活用水、农业灌溉用水等水资源费征收标准。农业灌溉用水采用较低的水资源费费率，工业用水、特殊行业用水可考虑采用相对较高的水资源费费率。

8.3.2　研究探索实施阶梯水资源费

8.3.2.1　明确水资源费应作为调控用水量的关键指标

在水资源费征收标准上应体现促进节约用水的作用，水资源费应该作为调控用水量的关键指标。水价具有节水功能，但是对价格调节用水量的机制应该通过哪部分来体现并不明确，是水资源费？污水处理费？还是自来水费？本书在调研基础上提出：节水机制作用的发挥主要由以下两部分来承担：一是水资源费；二是阶梯水价或超定额水价。

对自来水公司而言，无论生活用水、工业用水，还是商业用水或特种行业用水，其供水成本是一致的，作为一种企业行为，其销售的自来水价格应是一致的。而现行的自来水水价体系中，实际上由政府定价的自来水价格却是有差异的，如有的旅游饭店娱乐用水、特殊行业中的洗浴用水价格达到 8 元/米^{3}和 10～60 元/米^3，远高于自来水成本实际水价。这种水价间的差额实际上是政府为调控水资源的有效配置而采取的经济手段，更应该体现在水资源费中。正是由于水资源费征收标准和自来水供水成本在实际运行中没有明确区分，使自来水公司因此获得额外的收益，而这部分收益本该作为水资源费的一部分归水资源所有者——国家所有。因此，究其实质，目前许多地方实行的差异性水价实际上是混淆了《水法》中的有关概念，将理应通过水资源费来调整的国家意志转化为通过自来水价格来体现的企业行为，从而使自来水公司获得额外的收益，导致国家利益受损。因此，应该将水资源费作为调控用水量的重要指标之一，在水价中单列水资源费一项。

8.3.2.2　自备水用户优先试点推行阶梯水资源费

研究实施阶梯水资源费，使之成为阶梯水价的基础。优先对自取自用的自备水用水户试点推行阶梯水资源费，参照自来水用水量的比价关系征收。具体而言，可为各个取水点确立保持生存的基本用水量，基本用水量内按第一阶梯征收标准交纳水资源费，超出基本用量部分，对水资源费逐级惩罚性加收。这样一方面可以实现水资源全民所有的《宪法》要求，另一方面也为节约用水提供了足够的激励。对城市供水企业等取水大户，应修改《取水许可和水资源费征收管理条例》，将水资源费从水价中独立出来，水资源费不再计入供水成本，而且按供水量核定水资源费。

8.3.2.3　完善用水大户的水资源费征收标准

很多地方对用水大户确定的水资源费征收标准偏低，无论是地下水还是地表水，有些地区仍采用对用水大户一年按固定费用趸交的方式征收水资源费。虽然相比其他企业，用水大户的水资源费占企业成本比例较高，但调研表明，水资源费占企业成本比例总体不高，水资源费调整对企业成本影响不大。例如，江西省2015年将水资源费由原来的0.01～0.02元/米^{3}提高到地表水0.1元/米^3，地下水0.2元/米^3，提高了约10倍，但对作为用水大户的电力企业的调研表明，被调研的4家水电厂中，柘林、万安水电厂水资源费占生产成本的比例，调整前为0.39%、0.65%，调整后约为0.79%。

用水大户的水资源费征收标准不宜采用定额征收办法，可借鉴伦敦的经验，实行先升后降的阶梯定价方式（图8.5）。随着用水量的增加，收取的费用呈现出先上升后下降的趋势。第一阶梯考虑部分计费个体使用较少数量的水，对这一群体免收供水费和污水处理费。从第二阶梯开始增收供水费，通过价格机制的作用来提高用水的效率。同时，对大批量使用水资源的用户，考虑到规模影响使用量的问题，为减少这些企业的生活成本和生产成本，从第五阶梯开始呈现逐渐下降的态势。

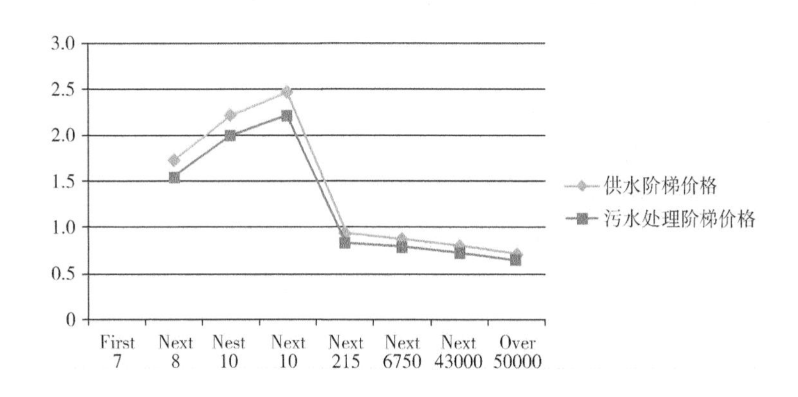

图8.5　伦敦供水和污水处理阶梯价格走势图

8.3.3　完善水资源费征收标准确定的指导标准

8.3.3.1　适当增加经济发展水平在制定水资源费征收标准中的权重

随着最严格水资源管理制度的深入实施，近年来，各省将密集调整水资源费征收标准。2015 年年底，各省陆续调整符合国家规定的“十二五”期末水资源费最低征收标准。然而，国家规定的最低征收标准主要以人均水资源量作为分区依据，对经济发展水平考虑的权重较低。我国水资源费面临的一个矛盾是经济发展水平低的地区，水资源稀缺，水资源费高，水资源费征收困难。出于保障区域公平和民生用水的考虑，应适当增加经济发展水平在制定地下水水资源费征收标准中的权重。据此，建议浙江、广东、上海、重庆在“十三五”期间将水资源费最低标准提高上一阶，福建、湖北、湖南、四川在“十三五”期间将水资源费最低标准提高上一阶。

8.3.3.2　缩小地区间地下水水资源费征收标准的差距

现行最低标准差距较大，达到 20 倍，但对地下水资源的保护不能按地下水资源丰缺程度来决定，应适当缩小差距，将较低的征收标准适度提高。

8.3.3.3　探索按水系来确定水资源费征收标准

根据水系分布状况，制定不同类水系的水资源费征收标准，避免各地区水资源费征收标准差异较大。按照水系制定水资源费征收标准，不仅要考虑水资源的丰缺程度，也要考虑各水系的状况。

9　专题二：南水北调工程受水区地下水水资源费征收标准调研报告

为促进水资源合理配置，完善压采地下水水资源的综合政策措施，积极运用价格手段形成保护地下水水资源的长效机制，充分发挥南水北调工程的效益，国家发改委经济体制与管理研究所开展“南水北调工程受水区地下水水资源费征收标准研究”项目研究，分析如何更好地运用价格手段压采并保护地下水资源，探讨“十三五”时期水资源费调整的方向和思路。课题组于 2015 年 8 月 24 日—27 日分别赴河北石家庄和山东济南开展实地调研。调研采取座谈会与实地调研相结合的形式，并请参加座谈会的相关部门和企业根据调研内容提供相关书面资料。实地调研主要考察了地下水超采对生态影响较严重的地区，或压采地下水成果显著的地区。

9.1　南水北调受水区水资源供求状况及地下水压采情况

9.1.1　河北省水资源供求状况及地下水压采情况

河北省是典型的资源型缺水省份，也是全国唯一没有大江大河过境的省份。近 10 年来，河北省生产生活年均用水量约 200 亿立方米，年均水资源可利用量仅 150 亿立方米，缺水 50 多亿立方米。如果加上生态环境用水，年缺水量达 100 多亿立方米。根据河北省水资源二次评价结果，全省一般年份缺水 124 亿立方米，人均水资源量 307 立方米，仅为全国的 1/70。水资源公报统计数据显示，2013 年全省总用水量 191. 3 亿立方米，其中农业用水量 137. 64 亿立方米，占总用水量的 72% 。

由于水资源匮乏，经济社会发展不得不长期依靠超采地下水维持。自 20 世纪 80 年代以来，年均超采 50 多亿立方米，累计超采 1500 亿立方米。现状基准年（2010）地下淡水开采量153.61亿立方米，其中浅层地下水开采122.64亿立方米、深层承压水开采30.97亿立方米。根据基准年地下水实际开采量，按照水资源三级区套地级行政区计算超采量，全省地下水超采量为59.65亿立方米，其中浅层地下水超采量28.68亿立方米，深层承压水超采量30.97亿立方米；城市超采18.0亿立方米，农村超采41.65亿立方米。

根据全国地下水利用与保护规划成果，河北省地下水超采区面积约7万平方千米，占全省平原面积的92%以上。按超采程度划分，一般超采区4.2万平方千米，严重超采区3.78万平方千米；按埋藏条件划分，浅层超采区3.77万平方千米，深层超采区4.2万平方千米，深、浅层超采区重叠面积9134平方千米。

2014年开始，河北省在衡水、沧州、邢台、邯郸的49个县（市、区）开展了地下水超采综合治理试点工作。经过第三方机构评估，2014年度共实现农村压采能力7.99亿立方米，超额完成0.39亿立方米。2015年度将新增农村地下水压采能力7.22亿立方米，形成城市地下水压采能力7.58亿立方米，共形成压采能力14.80亿立方米。

9.1.2　山东省水资源供求状况及地下水压采情况

山东省是一个水资源严重匮乏的省份，全省多年平均水资源总量303亿立方米，人均水资源占有量322立方米，仅为全国人均水平的1/6。《山东省地下水资源评价》（2002）显示，山东省多年平均地下水资源量为165.46亿立方米，可开采量为125.52亿立方米。《山东省水资源公报》显示，近14年（2001—2014）全省年均开采地下水量102.69亿立方米，平均占总供水量的45.8%。地下水作为山东重要的供水水源，多年平均供水量超过总供水量的40%，对保障全省经济社会持续、健康发展发挥了不可替代的作用。

《山东省地下水超采区评价》（2014）显示，山东省地下水超采主要有浅层孔隙水超采和深层承压水超采两种类型。全省地下水超采量为每平方米637.8697万立方米，其中，浅层孔隙水超采量为每平方米182.4067万立方米，深层承压水超采量每平方米455.4630万立方米。

山东省共有浅层孔隙水超采区 8 处，涉及德州、聊城、济宁、泰安、威海、烟台、潍坊、淄博、东营、滨州 10 个城市，超采区总面积 10433.17平方千米，其中，一般超采区 8368.23 平方千米，严重超采区 2064.94 平方千米。按流域统计，海河片超采区面积 3998.1 平方千米，均为一般超采区；淮河片超采区面积 757.8 平方千米，均为一般超采区；半岛片超采区面积 5677.27 平方千米，其中，一般超采区面积 3612.33 平方千米，严重超采区面积 2064.94 平方千米。

根据深层承压水“开采即为超采”的划定原则，把整个深层承压水开采范围划定为深层承压水超采区范围。山东省深层承压水超采区分布于鲁西北黄泛平原区，总面积为 43408 平方千米，涉及济南、淄博、东营、济宁、滨州、德州、聊城、菏泽 8 个城市。

山东因地制宜，采取多种措施压减地下水开采量，重点组织实施南水北调东线工程受水区地下水压采，在南水北调受水区范围内计划用长江水替代当地超采地下水。鲁西北地区地下水超采区治理纳入全国农业环境突出问题治理规划，鲁中地区地下水超采区治理纳入亚洲开发银行贷款支持范围，通过封井并网、水源置换、回灌补源、调整种植结构、压减灌溉面积、增播耐旱品种等措施，加快推进地下水超采区治理。

9.2 南水北调受水区水资源费征收标准现状及比较

9.2.1 南水北调受水区水资源费征收标准调整情况及现状

南水北调受水区各省市在 2015 年年底均按照 2013 年三部委《关于水资源费征收标准有关问题的通知》调整水资源费征收标准到位。从调整方式来看，为避免多次听证，均采用一次性调整到位的方式。下面以河北省和山东省为例加以介绍。

9.2.1.1 河北省水资源费征收标准现状

河北 2014 年 1 月 1 日起执行新调整的水资源费征收标准，分区标准为设区市城市执行统一标准、县级城市及以下执行较低标准。截至 2014 年年底，河北 173 个市县已全部按规定执行了新的标准。

征收标准分为7大类，包括直取地表水、城市供水企业、自备井水、地热水、矿泉水、地温空调、矿井疏干水。调整幅度最大的是自备井水、地热水、矿泉水，设区市自备井水、地热水、矿泉水由1.30元/米^{3}调整为2.00元/米^3；县级城市及以下自备井水、地热水、矿泉水由0.70元/米^{3}调整为1.40元/米^3。

河北是以地下水使用为主的地区，城市供水企业取用地下水仍未执行国家统一指导标准，仍实行较低的征收标准。设区市城市供水企业取用地下水为0.6元/米^3，县级城市及以下为0.4元/米^3，低于1.5元/米^{3}的国家对河北省地下水水资源费征收标准的指导意见。

9.2.1.2　山东省水资源费征收标准现状

山东省正在按照《关于水资源费征收标准有关问题的通知》（即29号文）的指导标准进行水资源费征收标准的调整，但现行水资源费征收标准基本上未做调整，加上经济发展放缓，价格较高的工业、经营服务业用水量增幅小，价格较低的居民用水增幅正常。目前执行的居民用水水资源费征收标准为地表水0.357元/米^3，地下水0.73元/米^3；非居民用水地表水水资源费0.387元/米^3；特种行业地表水水资源费0.453元/米^3（表9.1）。

表9.1　山东省水资源费征收标准及水价情况

用水类别	年售水量（万立方米）	水价及构成（元/米^3）				
		到户水价	基本水价	水资源费	污水处理	城市附加
	105053.34	3.313	1.954	0.373	0.941	0.045
居民生活	50699.27	2.833	1.642	0.357	0.822	0.013
非居民用水	14924.47	3.847	2.298	0.387	1.065	0.097
行政事业	7103.18	3.994	2.524	0.383	1.046	0.042
工业	24880.72	3.424	1.868	0.401	1.074	0.081
经营	2618.44	5.358	3.842	0.405	1.087	0.024
宾馆饭店	677.97	3.784	2.215	0.365	1.204	0.000
特种用水	555.09	7.005	5.115	0.453	1.136	0.300
其他	3630.51	3.940	2.564	0.340	1.007	0.028

9.2.2 南水北调水价与当地水资源费征收标准的比较

南水北调中线、东线通水后，河北和山东将形成外调水和本地水、地表水和地下水、常规水和非常规水共存的水资源配置格局，迫切需要调整不同水源的原水价格、水资源费、制水成本和终端水价之间的合理比价、差价关系。

9.2.2.1 河北省南水北调水价与当地水价比较

（1）南水北调原水价格低于地下水水资源费，但配水成本高。南水北调工程干线进入河北取水口的原水价格国家核定为0.97元/米^3，高于当地地表水水资源费，低于当地地下水水资源费，有利于用南水北调水置换地下水。

但是，南水北调水配水成本高，从取水口取来原水配水到城市自来水厂价格为2.76元/米^3，远高于城市供水企业取用地下水水资源费征收标准0.6元/米^3，即使将其提高到1.5元/米^{3}的国家指导标准，也远低于南水北调水的价格，不利于水源置换。

（2）南水北调水终端水价远高于现行居民和非居民水价。① 南水北调水原水和配水成本达到2.76元/米^3，且其制水成本高于地下水制水成本，按河北现行地下水制水成本平均为2元/米^3（平均利润率8%）计算，再加上地表水水资源费0.4元/米^3，居民生活用水污水处理费0.8元/米^{3}计算，南水北调基金0.3元/米^3，终端水价最保守估计为6.42元/米^3，远高于现行3.6元/米^{3}的居民用水终端水价。相同估算在非居民用水上，南水北调水为6.8元/米^3，远高于现行4元/米^{3}的非居民用水终端水价。

（3）制定过渡期南水北调水价政策。为鼓励水源置换，河北制定了过渡期水价，初步确定为2015年免费使用南水北调水，2016年水价为2.15元/米^3，用水量达到30亿立方米的30%；2018年水价为2.3元/米^3，用水量达到30亿立方米的40%；2019年水价为2.5元/米^3，用水量达到30亿立方米的50%。

---

① 南水北调水终端水价是指用户使用南水北调水的最终价格，包括水资源费、南水北调工程水价、制水和配水成本、污水处理费。

9.2.2.2 山东省南水北调水价与当地水价的比较

山东省南水北调水原承诺2014年使用7000多万立方米，2015年使用2.3亿立方米，但实际运行远不如原先预想的好，原因如下：

（1）南水北调水原水价高于当地地下水水资源费，且水质差异大。济南南水北调取水口原水价格核定为1.65元/米^3，远高于当地0.4元/米^{3}左右的地下水水资源费征收标准。南水北调水需要经过输水、配水和制水，地下水只需要抽取的电费，南水北调水不具有价格优势。

（2）当地水源和引黄、引江、南水北调等外调水源水价体系不合理。当地不少企业使用引黄水，价格基本在3元/米^{3}左右，略低于使用地下水的成本。胶东地区农业用水还使用引黄和引江水，按亩收费，平均每亩按80立方米用水量核定，一年平均交3次，但仍存在征收困难问题。南水北调水配套工程平均水价为1.5元/米^3，加上原水价格1.65元/米^3，再加上水资源费和污水处理费，终端水价不低于5元/米^3，而对威海等配水成本更高的地区来说，南水北调水的水价很可能超过6.5元/米^3。

9.2.3 南水北调受水区水资源费存在的主要问题

南水北调受水区水资源费存在的主要问题体现在水资源费征收标准确定和调整不科学、不同水源供水价格比价差价关系不合理、水资源费征收管理难等方面。

9.2.3.1 水资源费征收标准地区差异较大

调研河北和山东两地发现，河北超采地下水情况严重，对压采工作重视程度高，水资源费征收标准的调整也已通过一次听证调整到位。山东也属于南水北调受水区，且地下水超采区严重，但取用地下水仍较为便利，水资源费征收标准较低，且至调研时仍未按国家相关通知调整到位。

水资源费征收标准的确定目前主要以各地市为主，各地市水资源费调整又以行政区划为主，导致相邻水源、环境相近地区的水资源费征收标准差异较大。例如，河北按地市级、县以下级分列；山东南部和江苏北部接近，水价相差较大。

山东各地区水资源费征收标准与城市缺水程度相关性不大，如严重缺水的济南、东营、滨州、莱芜、淄博、德州、菏泽、聊城等地，水资源费征收标准并不比其他地方高。很多地方的居民用水、非民居用水和特种行业用水水资源费征收标准在同一水平，一些地区，如菏泽和聊城，居民用水不需要支付水资源费（表9.2）。

表9.2　山东省水资源费征收标准与水资源稀缺程度

城市	水资源稀缺程度评价系数	水资源费征收标准（元/米^3）
济南	0.56	0.4
东营	0.55	0.369
滨州	0.54	0.25
莱芜	0.54	0.32
德州	0.53	0.25
菏泽	0.53	0.024
聊城	0.53	0.127
淄博	0.52	0.625
潍坊	0.51	0.5
泰安	0.51	0.4
烟台	0.5	0.35
威海	0.5	0.35
青岛	0.48	0.35
济宁	0.45	0.45
临沂	0.44	0.35
日照	0.43	0.3
枣庄	0.4	0.362

注：水资源稀缺程度评价系数引自朱丽“山东省城市缺水模糊评价及对策”，发表于《环境保护科学》，2008（6）。

9.2.3.2　南水北调水原水价与配水成本高

南水北调水定位为生产和生活用水，而对受水区来说，用水最多的是农业，如河北省农业一半以上使用井灌水，农村不征收水资源费，使用经济手段压采地下水困难。

使用南水北调水需要制水、管网建设等配套工程，对习惯用地下水的地区来说，修建管网和制水厂都需要大量投入，而且配套设施的建设需要一定的时间。对工业企业来说，水质改变将对生产工艺产生影响，需要增加改水处理工艺，进一步增加了企业的成本支出。

由于对南水北调水有承诺用水指标，受水区对承诺用水指标内的南水北调水，即便不使用，也需要交纳基本水费。若使用南水北调水，则需要建设配套工程和进一步交纳比基本水费还高的水价，对各地使用南水北调水形成了较大压力。

9.2.3.3　水资源费征收标准调整困难

水资源费纳入水价，由自来水公司代收，但水资源费顺延到水价中的机制不畅通。水资源费调节频率较高，而水价变动需要听证程序，水资源费变动不一定直接顺延至水价中，水价听证频率跟不上水资源费调整频率。自来水公司给用水户输水过程中有水耗，而水资源费是从取水环节征收的，输水过程中的跑、冒、滴、漏等都需要自来水公司承担。课题组在成都兴蓉集团调研时，自来水公司表示：若要把这些水耗加进去，涨0.1元的水资源费，自来水最终价格可能需要涨0.4元。

9.2.3.4　水资源费征收管理困难

地下水资源的取用很难准确计量，计量设备投资主体缺失。有些地方将水资源费作为招商引资的优惠条件，且农业用水通常不征收水资源费。部分市县工业用水定额交费，企业一年交50万元或30万元，无法计量，征收压力较大。例如，河北省反映，水资源费实际征收率可能只有20%左右，水资源费征收标准越高，征收越困难。山东省财政不留水资源费，全部交给地方，地方征收积极性较高，征收率约为70%，但寿光市也反映，企业经营困难，水资源费占成本比重提高，不利于当地经济的发展。

9.3　水资源费征收标准调整对不同用水户的影响

9.3.1　农业

农业用水包括农田灌溉用水和林、牧、渔用水。农田灌溉用水包括水田、水浇地和菜田用水，林、牧、渔用水包括林果地灌溉和鱼塘补水。从河北省和山东省的农业用水情况来看，由于灌溉条件差，农业生产技术仍然落后，农民节水意识不强，农业生产耗水量大。水资源费作为农业水价的组成部分，适度提高能够通过杠杆调节作用促进农业节水，有利于促进灌溉方式的转变，培养农民的节约用水意识，将节约的水资源配置于高效益行业，可有效支撑经济社会的转型跨越发展。

9.3.1.1 水资源费调整对河北省农业的影响

资源性缺水是河北省的基本省情、水情，河北省农业有效灌溉面积6700多万亩①，高效节水灌溉面积2700多万亩，大水漫灌现象比较普遍，大型灌区灌溉面积较20世纪80年代萎缩了300多万亩。其中，2013年，河北省总用水量191.3亿立方米，农业用水量137.64亿立方米，占总用水量的72%，用水量较大。2014年，河北省人民政府办公厅印发《河北省水权确权登记办法》，农业（农、林、牧、渔）用水按耕地面积确定各用水户的水权，即按地定水、水随地走、分水到户。该办法强调，农业用水户在水权额度内用水按平价水收费，超用部分按高价水收费，具体办法由各地根据实际情况另行规定。

以河北省用水定额为基准定额，亩均年用水总量不超过基准定额20%以内的，不征收水资源费；亩均年用水量超过基准定额20%以内的，加收0.2元/米^{3}水资源费；亩均年用水总量超过基准定额20%～50%的，加收0.3元/米^{3}水资源费；亩均年用水总量超过基准定额50%以上的，加收0.4元/米^{3}的水资源费。2014年，河北省农村居民人均可支配收入首次突破万元大关，达10186元，同比增长10.9%。按农民人均耕地1.5亩，每亩地年均灌溉用水50立方米，水资源费按平均0.3元/米^{3}计算，水资源费占人均可支配收入不足0.15%（$50 \times 0.3 \div 10186 = 0.00147$）。总的来看，调整水资源费对河北省农业影响不大，而调整水资源费有利于促进河北省农业节约用水，既是保障京津水源安全的需要，也是提高水资源利用率、增加农产品产量的客观要求，更是实现河北地下水资源采补平衡直至逐年恢复、实现农业可持续发展的必然选择。

9.3.1.2 水资源费调整对山东省农业的影响

山东省现有耕地1.06亿亩，水资源总量约为303.1亿立方米，地

① 1亩≈666.7平方米。

少、人多、缺水是山东省的省情。山东省灌溉面积8320万亩，其中，灌溉面积30万亩以上的大型灌区50处，灌溉面积4326万亩，是山东粮棉主产区。农业是山东的用水大户，用水量约占全省总量的70%，其中90%是灌溉用水。因此，水资源严重短缺成为山东省现代化农业发展的短板。目前，山东省农业灌溉和农村非经营性取水暂不征收水资源费。但是，为了维护水利工程的正常运行，确保城乡供水，提高灌区效益，山东德州2015年度开始计收水资源费，费用仍执行原标准，各县（市、区）的具体费用存在差异。2015年度农业水费根据《关于公布山东省引黄灌区农业终端水价最高限价的通知》的规定执行，最高限价为：齐河、禹城每亩次9.5元，平原、陵县、临邑每亩次10.5元，其他县（市、区）每亩次12元。据了解，在具体的计算方法上，以乐陵市为例，其标准为每亩次12元，某村一年平均浇地4遍，每亩水费最高应为（12×4）48元。

根据最严格水资源管理制度的要求，农业灌溉要实现节约用水，水价作为杠杆刺激不可缺少。2015年，山东省推进农业水价综合改革试点，完善农业水价形成机制，探索建立农业用水精准补贴制度和节水激励机制。山东省每年水资源需求量约220亿立方米，其中，农业用水需求量为150亿立方米，对农业水价进行综合改革试点，符合山东的实际。调整水资源费，建立合理的灌溉用水价格形成机制，利用价格杠杆促进节约用水，有利于提高灌溉水的利用效率，克服农业灌溉水资源短缺问题。

9.3.2　工业

目前，我国工业用水重复利用率不足60%，同时还有相当大比例的未达标排放，水资源的重复利用与环境治理仍有很大改善空间。

9.3.2.1　水资源费调整对河北省工业的影响

河北工业结构偏重，钢铁、化工、火电等高耗水行业占60%以上，万元工业增加值用水量19立方米，远高于周边省（市）（天津市8立方米、山东省12立方米、北京市14立方米），吨钢耗新水3.3吨。为此，河北省出台了《关于创新水价形成机制　利用价格杠杆促进节约用水的意见》(以下简称《意见》)。该《意见》明确，在保证经济社会平稳较快发展的前提下，2017 年，全省用水总量将控制在 219 亿立方米左右，万元工业增加值取水量比 2013 年下降 19.4%，地下水压采量 39 亿立方米，非常规水回用率达到 30%左右，工业用水重复利用率达到 90%左右。《意见》明确要加大工业用水差别水价的实施力度，扩大差别水价加价行业范围，由现行的 8 个高耗能行业扩大到所有行业的淘汰类和限制类生产设备用水。此外，针对地下水严重超采的现状，河北省 2014 年出台了《河北省地下水管理条例（草案)》，对高耗水企业实行有差别的水资源费征收标准。同时，通过建立健全水权交易制度，鼓励和引导行业之间、取用水单位之间探索多种形式的水权流转方式。尽管河北省出台了若干促进工业节约用水的措施，但工业缺水问题仍是长期存在的问题。目前，随着南水北调工程的投入使用，长江水逐步引入河北，但是过高的水资源费让众多工业企业难以承受。

9.3.2.2 水资源费调整对山东省工业的影响

山东是一个缺水的省份，人均水资源占有量 334 立方米，仅为全国人均占有量的 14.9%，不到全世界人均水平的 1/25，位居全国各省（市、自治区）倒数第三位，远远小于国际公认的 1000 立方米的维持地区经济社会发展所必需的临界值。山东省又是工业大省，工业用水量巨大，水资源短缺对工业发展影响较大。虽然近年来南水北调工程带来了长江水，但是水资源费过高打击了山东省各地使用长江水的积极性。国家发展改革委初步测算，南水北调江苏、山东境内平均水价（俗称“工程水源费”）均高于当地的水源费。其中，山东段平均水价为 1.54 元/米^3，其中，基本水价 0.76 元/米^3，计量水价 0.78 元/米^3。按此计算，山东省每年必须上缴的基本水费为 10.28 亿元，计量水费则按实际使用量缴纳。将长江水送达用户，还需要建设配套工程和进入城市供水管网工程，并计入相应的供水成本费用。因此，终端用户的用水成本会很高。南水北调高水价问题已经在一定程度上影响了调水城市的调水量。据悉，在山东省上报水利部的 2014 年调水计划中，仅有济南、枣庄、青岛、潍坊、淄博 5 个城市上报了调水计划，总计 7750 万立方米，而按照原定规划，这 5 个城市承诺多年平均调水总量应为 5.12 亿立方米。此外，济宁、菏泽、滨州、东营等8个城市原定的多年平均计划调水量总计9.55亿立方米左右，但目前均无调水安排。

9.3.3 居民

9.3.3.1 水资源费调整对河北省居民的影响

据统计，河北城市供水管网漏失率达15%，跑、冒、滴、漏现象比较严重。为此，河北省计划到2020年，城乡生活用水总量控制在37亿立方米，城镇管网漏失率降至12%以内，城镇节水器具全面普及。为了调节水资源供给与需求，河北省通过调整水资源费，建立了相应的奖惩机制来鼓励居民节约用水。同时决定到2015年，城镇居民将全面实行阶梯水价。阶梯水量按照三级设置，一、二、三阶梯水价级差按1∶1.5∶3的比例安排。第一阶梯水量基数保障居民基本生活用水需求，原则上按居民家庭每户月用水量不超过10立方米确定；第二阶梯水量基数体现改善和提高居民生活质量的合理用水需求，原则上按居民家庭每户月用水量不超过15立方米确定；第三阶梯水量基数为超出第二阶梯水量的用水部分。推行阶梯水价，对居民用水基础底线的水价影响不会太大，对高消费或是超量的部分则加重收费价格。阶梯水价的执行可以让居民自觉养成节水习惯，将节水工作纳入法制化管理的轨道。水费支出在城市居民生活支出中占1%左右，水费涨价虽然绝对支出有所增加，但占比不会明显提升。

9.3.3.2 水资源费调整对山东省居民的影响

山东省物价局《关于加快国家和省价格改革重点督导项目落实的通知》显示，2015年年底前，设市城市原则上要全面实行居民生活用水阶梯价格制度；具备实施条件的建制镇，也要积极推进居民阶梯水价制度。该通知中还提出，全省将调整水资源费、污水处理费标准。2015年年底前，17个市全市水资源费平均征收标准不得低于国家规定的最低平均标准，即地表水水资源费平均征收标准调整至不低于每立方米0.40元、地下水水资源费平均征收标准调整至不低于每立方米1.50元。2016年年底前，设市城市污水处理收费标准原则上每吨应调整至居民不低于0.95元，非居民不低于1.4元；县城、重点建制镇原则上每吨应调整至居民不低于 0.85 元，非居民不低于 1.2 元。从已经实行了阶梯水价的城市来看，水资源费的调整对山东省居民生活水平的影响有限。

9.4　南水北调受水区水价改革的创新与探索

价格是决定南水北调工程能否发挥应有效用的关键因素。河北、山东等南水北调工程的主要受水区，虽然在水资源禀赋上有差异，但都面临着南水北调水成本高、用户接受度低的问题。各地都把价格作为调节用水主体行为的重要手段，在水价改革方面进行了一些探索，以期发挥价格机制对水资源应用的引导作用。

9.4.1　农业水价改革

农业用水是地下水超采的主要因素，以价格机制优化农业用水结构是提高农业用水效率、减少地下水超采的重要途径。作为严重缺水的省份，河北省在农业水价改革方面做出了多项探索，特别是注重运用市场手段，坚持政府作用和市场机制协同发力，力求在农业水价综合改革、农田水利产权制度等方面取得重大突破。

9.4.1.1　开展以农业用水价为重点的地下水超采综合治理工作

2014 年起，河北省以地下水超采最严重的黑龙港流域为试点范围，包括衡水、沧州、邢台、邯郸市的 49 个县（市、区），涵盖冀枣衡、沧州、南宫 3 大深层地下水漏斗区开展了地下水超采综合治理试点工作。2015 年试点范围进一步扩大到 5 个设区市 63 个县（市、区），涵盖全省 7 个主要地下水漏斗区中的 6 个（表 9.3）。试点区国土面积 4.46 万平方公里，耕地面积 4130 万亩，有效灌溉面积 3472 万亩，分别占全省国土面积、耕地面积和有效灌溉面积的 24%、42% 和 52%；地下水超采量 35.1 亿立方米，其中，深层超采量 25.4 亿立方米、浅层超采量 9.7 亿立方米，分别占全省的 59%、82% 和 34%。各试点县（市、区）用水总量、地下水开采量均控制在“三条红线”指标之内。

表 9.3　2015 年度河北省地下水超采综合治理试点范围表

设区市/省直管县（市）	县（市、区）	个数
石家庄	藁城区*、栾城区*、元氏县*、高邑县*、晋州市*、无极县*、深泽县*、赵县*、正定县*	9
沧州	新华区、运河区、青县、黄骅市（含中捷、南大港）、沧县、海兴县、孟村回族自治县、泊头市、南皮县、东光县、吴桥县、盐山县、献县、河间市、肃宁县*	15
衡水	桃城区（含滨湖新区、工业新区）、冀州市、饶阳县、深州市、武强县、阜城县、武邑县、枣强县、安平县、故城县	10
邢台	巨鹿县、南和县、平乡县、南宫市、广宗县、威县、清河县、临西县、任县、隆尧县、柏乡县、新河县	12
邯郸	临漳县、成安县、肥乡县、邱县、馆陶县、大名县、曲周县、广平县、永年县、鸡泽县、邯郸县*、磁县*	12
省直管县（市）	景县、魏县、宁晋县（含大曹庄农场）、辛集市*、任丘市*	5
合　计		63

注："*"为新增 14 个试点县（市、区）。

此次改革在综合考虑群众和社会承受能力等因素的基础上，以充分发挥水价优化配置水资源的经济杠杆作用为主线，全面推进农业、工业、生活用水水价改革，建立符合市场导向的水价形成机制。在体制机制建设上强调建立以农业水价改革为重点的调节机制，主要措施包括：推广"一提一补"等农业节水机制；实行农业终端水价制度；推行工业差别水价制度；建立城镇居民阶梯水价制度。此外，还提出推行以"建管一体化"为重点的水管体制改革，构建以专业化组织为重点的基层服务网络，发挥以科研院校为重点的科技支撑作用，完善以地下水管理为重点的法规政策体系等多项改革探索要求。

经过一年的时间，改革初见效果。经过第三方机构评估，2014 年，河北共实现农村压采能力 7.99 亿立方米，与目标 7.6 亿立方米相比，超额完成 0.39 亿立方米。

9.4.1.2　开展水权确权登记，为发挥市场机制的作用打下基础

2014 年，河北制定出台了《河北省水权确权登记办法》，49 个县全

部编制完成水权确权方案。2014 年度的试点县（市、区），2015 年 8 月底前完成农业用水户《水权证》发放，2015 年年底前完成生活、工业、生态环境用水户取水许可证核发，进一步推进水权制度改革。在 2015 年研究制定《河北省水权交易办法》，明确水权交易的条件、程序、期限、监管、形式等内容，规范交易行为，规避交易风险。在政府宏观调控、市场调节和自主协商三者相结合的基础上，探索开展多种形式的水权交易，鼓励农业新型经营主体或农户将水权额度内富余的水量，通过市场交易流转到其他用水户，促进水资源的优化配置。通过确权，探索建立水权水市场制度，有望突破农业水价改革难题，促进水资源节约保护。

9.4.1.3 “一提一补”和“超用加价”农业水价改革探索

河北结合地下水超采综合治理，对衡水市桃城区和邯郸市成安县等地的水价改革实践进行了总结，探索研究“一提一补”和“超用加价”农业水价改革思路，对促进农业节水、治理地下水超采起到了一定的引导作用。

“一提一补”即在现有水价基础上，农业灌溉用水（或电价）价格每立方米提高 0.2 元，由水管员将农业用水价格（或电价）提高部分计收的水费上缴农民用水户合作组织，由政府对实行“一提一补”农业水价改革的行政村给予财政补贴，再将提高的水费和财政补贴资金作为提补资金，以行政村为单元，按耕地面积平均返还给用水户。“一提一补”水价改革思路是在总体上不增加农民负担的前提下，实现了“多用水高水价、少用水低水价、不用水得补贴”的节水机制。

“超用加价”即为农业用水户发放载明年度用水额度的水权证，水权额度内用水实行平价水，超过水权额度用水实行高价水（在平价水基础上加价 20%）。农业水费由农民用水户合作组织负责征收，收缴的平价水费，支付渠道和用途按现行使用政策执行；收缴的加价水费上缴相应的农民用水户合作组织，纳入节水基金。

通过这两项探索，一定程度上改变了农业用水对价格的不敏感，价格机制在农业用水领域能够发挥一定的引导作用。

9.4.1.4 对深化农业水价改革的启示

长江以北地区拥有的水资源只占全国水资源的 1/5，但面积宽广，农业种植任务重，农业用水价格改革的影响很大。农业用水一方面要考虑农业生产的实际，不能过多增加农民负担；另一方面必须加快改革，通过建立完善的激励机制，促进农民科学用水。建立农村水权交易制度是下一阶段农业水价改革的综合着力点。通过培育或者确定农村水利、水资源主体，包括投资主体、建设管控主体，合理确定水权，通过市场把水权交易搞活，促进水资源节约利用。对农业用水主体来说，建立农业用水水权制度，不仅水费不一定会增长，更重要的是能够调动他们主动节约用水的积极性。

9.4.2　创新水价形成机制

9.4.2.1　河北

为发挥价格杠杆的作用，通过创新水价形成机制促进水资源的合理开发利用，2014 年 12 月，河北省人民政府出台了《关于创新水价形成机制利用价格杠杆促进节约用水的意见》（冀政〔2014〕70 号）。该意见本着谁使用谁付费、多用水高水价、浪费水受惩罚的原则，综合运用经济、法律、行政手段，充分发挥市场的决定性作用，通过理顺比价关系，实现外来水和本地水、地表水和地下水、新鲜水和再生水有机衔接、合理调配，切实管住工业用水、管好居民用水、促进农业节水，建立符合市场导向、有利于节约用水、提高用水效率的水价形成机制和取用水监管体系。该意见具体提出了 11 项措施创新水价形成机制。

（1）逐步提高水利工程供水价格，将非农业供水价格调整到补偿成本费用、合理盈利的水平，农业供水实行终端水价制度。

（2）积极推行节奖超罚的农业水价模式，按照定额管理、节奖超罚、合理负担的原则，对农业用水推行“定额管理、超额加价”“一提一补、全额返还”等水价管理模式，使节水灌溉变成农民的自觉行动。

（3）实行城市居民用水阶梯水价制度。

（4）工商企业、服务业等用水实行超额累进加价制度。

（5）加大工业用水差别水价的实施力度，扩大差别水价加价行业范围，由现行的 8 个高耗能行业扩大到所有行业的淘汰类和限制类生产设备用水。

（6）大幅提高各类用水的水资源费标准，促进综合水价与外来水价格的平衡，将自备井水资源费标准提高到超过城市供水价格的水平，扩大城市供水企业利用地下水与利用地表水的水资源费价差幅度。

（7）制定鼓励使用非常规水价格政策。

（8）严格落实污水处理收费政策，按照补偿成本、合理收益的原则，提高污水处理费标准，加大污水处理费征收力度，强化对自备井水污水处理费的征收，提高收缴率，保障污水处理设施正常运营，提高污水处理水平，最大限度弥补常规水供水缺口，促进水的循环利用。

（9）下放水价管理权限。

（10）科学制定南水北调工程供水价格，实行入水厂水价全省统一，平衡各市用水成本；实行同区同质同价，有机衔接引江水与本地水；实行基本水价和计量水价构成的“两部制”水价政策。

（11）适时提高城市供水价格，通过提高基本水价、水资源费和污水处理费标准等措施，使城市综合水价与南水北调水价接轨；在南水北调通水之前先行调整城市供水价格；优化综合水价结构，综合考虑城市、居民特别是低收入群体的承受能力，分类合理确定城市供水价格。

9.4.2.2 天津

天津是资源型缺水地区，为有效地应对水资源危机，天津深化水价制度改革，对不同水源、不同行业实行不同水价，构建多水源水价体系，形成水价联动机制，对超计划用水实行累进加价收费制度。对居民生活用水、非居民用水、特种行业用水价格以及地下水资源费、再生水水价等实行不同水价并进行了多次调整。通过改革，天津市的节水效益和水资源利用效率明显提高。目前，天津万元工业增加值取水量降至16立方米，位居全国第一，工业用水重复利用率达到90.95%，工业节水处于国内领先水平。城市居民生活用水量为每人每天0.078立方米，远低于85～140立方米的国家标准，城市用水总量得到了有效控制。

9.4.2.3 对我国创新水价形成机制的启示

水资源紧缺与我国不合理的水价形成机制有着密切的关系。我国目前的水价形成机制还不能有效反映水资源的稀缺程度与短缺程度，无法反映水资源的全程成本。成本是价格制定的重要基础，当前对水资源开发、利用、保护全过程的成本尚未准确核算，严重影响了水价形成机制的改革。水价形成要兼顾效率与公平。在阶梯水价的基础上，根据水源不同、用水区域不同，用水群体形成差别化定价及调价机制不可或缺。

9.4.3　区域综合水价改革

由于当前南水北调水的价格远高于受水区域水资源的价格，直接影响了沿线地区调水的积极性，客观上造成各市县用水户都争用黄河水，不用长江水，有的甚至继续超采地下水来满足当地的用水需求。这种被动局面给南水北调工程的运行造成了瓶颈制约。

面对南水北调水、黄河水、自备水等不同水源的用水价格差异，为了在一定程度上缩小这一差异，使南水北调水对用水户来说具有一定的吸引力，山东省运用市场手段，通过推行区域综合水价改革，在一定行政区域内（市或县）实现各类供水水源同一价格，促进区域内水资源的优化配置。《山东省南水北调条例》规定，受水区县级以上人民政府应当统筹考虑本行政区域内南水北调供水价格与当地地表水、地下水等各种水源的水资源费和供水价格，推行区域综合供水价格。目前相关试点仅在寿光、滕州两个县级市推开。长期来看，实行区域综合水价是南水北调受水区解决调水成本高、价格高，对用户吸引力较低难题的可行选择。

9.5　“十三五”时期水资源费征收标准调整的思考

9.5.1　调整水资源费征收标准的思路

统筹协调水与经济社会发展关系，加强水价体系的整体系统设计，保持不同水源、不同地区、不同用水户间合理的水资源费征收标准关系，有利于节约用水、水源置换，有利于充分发挥南水北调工程的效益，有利于提高水资源的使用效率。

9.5.2　调整水资源费征收标准的原则

9.5.2.1　分区分类，因地制宜

调整水资源费征收标准应尊重各地实际，对管网配套等无法完成的

地区，直接提高水资源费对居民和企业影响大；还有些地方替代水源可以实现，但需改造对水质要求强的产品或工艺等。因此，南水北调水作为替代水源有些地方可以实现，有些不能马上置换过来，不是一个文件下去就可以置换的。

9.5.2.2 适时适当，综合考虑

对不同水源、不同用水户、不同地区的水资源费征收标准调整制定基本原则，针对当前经济下行形势，找准时机调整水资源费征收标准内部结构。配合污水处理费调整以及阶梯水价落实步伐，综合考虑终端水价调整对居民生活、企业生产和CPI的影响。

9.5.2.3 全局考虑，优化配置

打破单一部门、地方政府或企业利益，从全局出发，充分发挥南水北调工程的效益，设置南水北调水置换当地地下水的过渡期，研究南水北调水置换不同地下水使用的优先顺序和推进步骤。

9.5.3 调整水资源征收费标准的建议

9.5.3.1 确定“十三五”时期水资源费征收标准调整的重点

“十三五”时期的重点是调整落实水资源费征收标准国家指导意见，可小幅度、适宜、快速提高水资源费征收标准。2015年，“十二五”时期的水资源费征收标准有些地区仍未落实，且水资源费实际征收率普遍较低，应充分认识到靠单一提高地下水水资源费征收标准在节约用水和加快水源置换方面的作用越来越有限，后期工作重在完善配套措施和配套设备建设。

9.5.3.2 进一步理顺水资源费征收标准在不同水源、不同地区、不同用户间的比价差价关系

出台确定区域水资源费征收标准的指导意见，明确水资源费征收标准调整的基本原则。

（1）地下水水资源费征收标准原则上要至少两倍于地表水水资源费征收标准。

（2）在区域上，水资源费征收标准在国家指导意见的大区域划分上，区域内的标准平衡应遵循与水资源供求关系、地下水超采情况相关的原

则。可借鉴河北省的经验，在区域性指导意见基础上，分不同水资源环境和行政划分来制定一定区域范围内的指导意见。

（3）水资源费征收标准也理顺调整为居民、非居民和特种行业 3 类。水资源费作为调控用水量的重要指标之一，应参照与自来水水价的比价关系征收。

（4）进一步理顺不同水源间的终端水价关系，强化对不同水源终端水价合理关系的研究。

（5）进一步理顺城市供水不同环节水价占终端水价的比重关系。

9.5.3.3　适时提高工业用水水资源费征收标准

工业用水户，特别是水泥、火电、化工等高耗水用水户节水潜力很大，水资源费在企业生产成本中所占比例普遍不高，调整水资源费征收标准可以迫使用水企业进一步提高用水效率，降低成本，节约水资源，也有助于淘汰落后产能。

9.5.3.4　水资源费单列为行政性收费，研究费改税的利弊

水资源费的确定应由国家或流域基于水资源状况和宏观发展战略决定，并综合考虑整个流域的承受能力，不应将水资源费纳入价格听证会，否则会造成消费者对水价性质的混淆，增加水价调整的复杂性，挤压了基于成本的工程水价的承受空间，使水价调整周期滞后。应将水资源费单列为行政性收费，从理论上讲，水资源费是资源水价，与工程水价和环境水价不同，水资源费要基于水资源的稀缺程度来调节供给，体现国家对水资源的所有权，归政府使用和管理，从这一角度来看，水资源费的合理形式应该是水资源税，水资源费征收标准的调整也不应纳入公共产品的价格听证会制度。

9.5.3.5　设置南水北调水置换地下水过渡期水价政策

水源置换需要一定时间，要先把南水北调水用起来，充分发挥南水北调工程的经济效益。具体可以设置一个过渡期，过渡期内对受水区南水北调水实行坡度递减的打折水价，以便于受水区建设完备的使用南水北调水的制水、配水等配套设施。综合研究南水北调水用途的效益，在配套工程未建设完备且南水北调已通水的情况下，可否考虑将南水北调水用于受水区直接补充地下水，减少压采投入。

下篇 南水北调工程运行初期供水成本控制机制研究

10 导论

10.1 问题的提出

作为党中央、国务院决定兴建的合理配置水资源的重大战略性基础设施和事关全局、保障民生的民心工程，南水北调工程对缓解北方地区水资源供需矛盾有着特别重大的意义。2002 年，国务院批复的《南水北调工程总体规划》明确，南水北调由东、中、西三条线构成（图 10.1）。南水北调东线工程是指从江苏扬州附近的长江干流引水，调水到江苏北部和山东、天津等地的主体工程。南水北调中线工程是指从丹江口水库引水，调水到河南、河北、北京、天津的主体工程。南水北调西线工程

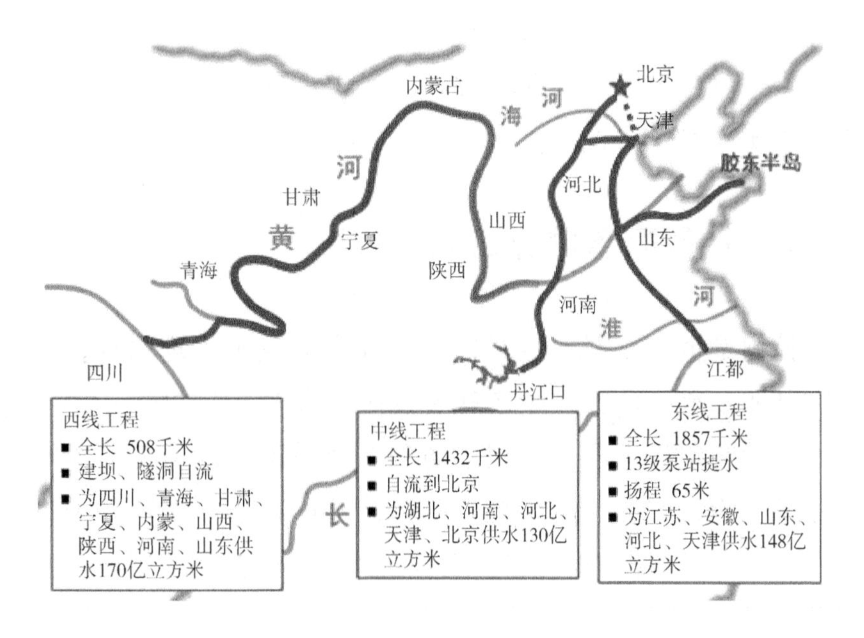

图 10.1 南水北调东线、中线、西线工程

是指从长江上游通天河和长江的两大支流雅砻江和大渡河引水，调水到四川、青海、甘肃、宁夏、内蒙古、山西、陕西、河南、山东的主体工程。

经过10多年的建设，南水北调东、中线一期工程分别于2013年11月15日和2014年12月12日正式通水。东、中线一期工程年调水规模183亿立方米，受益地区包括北京、天津、河北、河南、湖北、江苏、山东、安徽8个省（市），大约相当于给受水区增加了1/4的水量，直接受益人口1.1亿人，间接受益人口超过2亿人。水是生命之源、生产之要、生态之基，受水区新的供水格局带来了新的发展机遇，也对管水、用水提出了新的更高的要求。

东、中线一期工程通水标志着南水北调工程进入由工程建设管理向运行管理全面转型开拓的关键期。按照目前的工程运行管理体制，东线一期新增主体工程由南水北调东线总公司负责运行管理，中线干线工程由南水北调中线干线工程建设管理局负责运行管理，中线水源工程由南水北调中线水源有限责任公司负责运行管理。东、中线一期工程通水后，各级运行管理主体在初步探索重大战略性调水工程运行管理模式方面取得了积极进展，但工程运行管理仍面临着一系列挑战，特别是维护成本高、还贷压力大、部分地区实缴水费远不能覆盖成本等问题比较突出。如何合理控制供水成本，充分发挥工程的经济、社会效益，努力实现南水北调工程安全、平稳、高效运行，已成为当前工作的重中之重，也是本书下篇的主要研究内容。

10.2　成本控制概念的界定及分类

成本控制是企业根据一定时期预先确定的成本管理目标，由成本控制主体在其职权范围内，在生产耗费发生以前和控制过程中，对各种影响成本的因素和条件采取一系列预防和调节措施，以保证成本管理目标实现的管理行为。成本控制不是一味单纯地削减成本费用，而是结合企业的资源禀赋和发展战略，通过较为科学的成本管理控制成本费用，确保资源配置最优。

按发生时间的先后，成本控制分为事前控制、事中控制和事后控制。

事前控制是进行成本预测和成本计划，对控制核算提出要求；事中控制是进行成本控制和成本核算，为分析、考核提供依据；事后控制则是进行成本考核和成本分析，为预测计划提供信息。成本控制的过程是运用系统工程的原理对企业在生产经营过程中发生的各种耗费进行计算、调节和监督的过程，同时也是一个发现薄弱环节、挖掘内部潜力、寻找一切可能降低成本途径的过程。

南水北调工程运行初期，供水成本一般包括人员工资福利费、工程维护费、固定资产折旧费、动力费、工程管理费、原水费、利息净支出、其他费用等项。人员工资福利费与员工数量、定员定额标准以及学历结构息息相关，还本资金来源于折旧，动力费与抽水量成正比，维修养护费与维修养护频次、维修难度等息息相关。另外，影响南水北调工程运行初期供水成本最直接的因素是用水量，用水量越大，单位供水成本越低。

本书主要从制度规范、流程优化、预算管理、技术创新的角度研究成本控制。成本控制有两种类型：战术性成本控制和战略性成本控制。以加强管理、定额控制、目标考核等手段短期实现的成本控制是战术性成本控制。以创新技术工艺、改进装备设施等为代表，以关键性、支撑性、引导性重大创新重构成本发生的基础条件实现的成本控制是战略性成本控制。

10.3　调水工程供水成本控制的相关理论依据

10.3.1　水资源的产权激励功能和产权可交易性

产权是根据一定目的对财产加以利用或处置，并从中获取经济利益的权利。产权的直接形式是人对物的关系，实质上是产权主体围绕各种财产客体形成的人们之间的经济利益关系。① 产权是一种重要的激励机制。产权的基本预期是经济有效性，产权制度开发了行为主体从事经济

---

① Furubot E G, Pejovich S. Property Rights and Economic Theory: A Survey of Recent Literature [J]. J E L, 10, 1972: 37 - 62.

活动的范围和空间，能够为产权所有者带来经济效益，使其保持从事经济活动的强烈愿望，并尽可能用最小成本将这种预期加以实现。因此，水资源的产权激励功能客观上要求调水工程运行企业实施供水成本控制。产权理论承认产权可以在不同主体之间流动，产权可交易性是资源得以高效配置的前提和基础。合理的产权制度使稀缺资源得到有效配置，最终致使社会总效用增加。水权是水资源的财产权利，是产权理论在水资源领域的体现，其核心是产权明晰。产权理论为我国跨流域调水管理引入市场机制提供了理论支撑。

10.3.2 水资源的成本补偿

调水工程是关乎民生大计的系统性工程，建设和维护成本巨大，尤其是使用了贷款，需要运行还贷。因此，水资源的成本补偿要求严格控制调水工程供水成本。调水工程的维护和高效管理对保持工程建筑设施和设备的持续稳定运转意义重大，调水工程维护成本的发生是一个连续过程，需要进行有效管理和造价分析，降低维护成本，提高调水工程的寿命和生存周期，充分利用有限的调水资产创造更大的社会经济效益。

水价是流域和国家水资源稀缺程度的体现，是调节水资源供需的重要手段，南水北调作为经营性及公益性相结合的“准市场运行机制”水利工程，要同时兼顾群众的承受能力。在给定水价的前提下，水资源的成本补偿要求严格控制调水工程的供水成本。

10.3.3 调水工程运行企业的内部控制

内部控制是企业所制定的旨在保护资产、保证会计资料可靠性和准确性、提高经营效率、推动管理部门所制定的各项政策得以贯彻执行的组织计划和相互配套的各种方法及措施。它的目标是确保单位经营活动的效率性和效果性、资产的安全性、经济信息和财务报告的可靠性。按照内部控制理论，调水工程运行企业应合理控制供水成本，充分发挥调水工程的经济效益和社会效益，努力实现资产的保值增值。

10.4　调水工程供水成本控制的必要性分析

建立科学合理的成本控制机制有利于提升相关职能部门和调水运营企业的管理水平，实现资源优化配置；有利于缓解还贷压力，保证调水运营企业现金流持续、稳定、健康；有利于资产的保值增值，确保调水工程长期安全、平稳、高效的运行。

实施成本控制是保证调水运营企业现金流持续、稳定、健康的内在要求。现金流是企业生存与发展的血脉，当前，我国经济运行仍面临着较多的困难和挑战，保证现金流的持续、稳定、健康殊为重要。严格的成本控制可以节约材料物资的消耗，提高调水运营企业的整体经济效益。同时，成本控制的实施为保护调水运营企业财产物资的安全、完整提供了制度上的保证。目前，南水北调工程运行初期水价既定，水费收缴存在困难，为了保障现金流运行，调水运营企业应确定目标成本指标，进行成本考核，通过成本控制揭示生产过程中成本指标与计划的差异，及时纠偏。

调水工程投资和建设规模巨大、涉及范围广、水资源分布不均、管理运营难度大、综合成本高，迫切要求采取有针对性的措施控制供水成本。调水工程的运行管理仍需消耗巨额资金，成本控制管理方式不科学将增加资金投入，企业成本控制的好坏直接关系到调水运营企业效益的高低和企业的兴衰。

11 南水北调工程运行管理特点分析

南水北调工程投资和建设规模巨大，涉及范围广，技术复杂。截至2016年9月底，国务院南水北调工程建设委员会和水利部已累计完成南水北调东、中线一期工程投资2619.7亿元。工程建设项目（含丹江口库区移民安置工程）累计完成投资2591.3亿元（占在建设计单元工程总投资2619.5亿元的98.92%），其中，东、中线一期工程分别累计完成投资328.9亿元和2143.7亿元（分别占东、中线在建设计单元工程总投资的97.57%和99.94%）。工程建设项目累计完成土石方159649万立方米，累计完成混凝土浇筑4280万立方米。[①] 如此巨大体量的水利工程，前所未有。重大战略性基础设施后期维修养护费用成本高，工程运行管理过程中突发情况多，工程运行管理成本高。

11.1 东线一期工程运行管理特点

南水北调东线一期工程运行管理最大的特点是新旧分开，原有工程归地方水利部门管理，新增工程由东线总公司、江苏水源公司和山东干线公司负责运行管理。东线主体工程由输水工程、蓄水工程、供电工程3部分组成，已有的跨流域调水工程与新增的调水工程整合。华北地势较高，需要动力引水，治污费用投入大，工程运行投入成本高。东线一期工程运行管理采用“政府宏观调控、准市场机制运作、企业化管理、用水户参与”的运行管理模式。

11.1.1 共建共管的基本运行管理

东线一期工程分别由江苏和山东组建东线江苏水源有限责任公司

---

① 数据来源于南水北调网站，http://www.nsbd.gov.cn/zw/zqxx/tzjh/201610/t20161013_449778.html，最后访问日期2016年11月23日。

（简称“江苏水源公司”）和东线山东干线有限责任公司（简称“山东干线公司”），负责东线一期工程的建设工作，并与两省委托的南四湖管理机构等一起，共同承担东线一期工程的运行管理工作。2014 年成立的东线总公司负责南水北调东线主体工程运行管理，包含执行供水计划、合同、调度、运行等多项重要任务，承担工程新增国有资产的综合经营、保值增值责任。当前主要的管理思路是按“国家控股，授权营运，统一调度，公司运作”的方式运行。江苏水源公司在工程建设期主要承担项目法人职责，负责南水北调东线江苏省境内工程建设管理；工程建成后，负责东线江苏境内工程的供水经营业务。山东干线公司负责南水北调东线工程山东省境内干线工程供水计划、调度计划和运营管理，负责偿还贷款、供水成本核算、供水计量以及水费的结算、使用和管理，负责东线主体工程资产管理。截污导流工程是东线治污工程体系的重要组成部分，单项工程竣工后，由地方政府或其指定机构负责运营管理。

11.1.2　准市场运行与管理

南水北调东线一期工程是在历年兴建的引水工程基础上扩建、新建部分闸站和输水河道形成的，工程涉及新旧资产的组合。从东线一期工程资产的特征来看，它具有两重性（即同时兼有经营性和非经营性）、两种资产实物形态的不可分割性，以及产品（服务）的混合性和目标的多重性。因此，从资产经营的角度，东线一期工程的运行机制必然是多样化的，既有市场机制，也存在行政管理机制。

南水北调东线一期工程除供水功能外，还兼顾防洪、除涝和航运等功能，也就是说，既有可观的经济效益，也有显著的社会效益和生态效益。东线一期工程水资源的功能特性与工程特性决定了其准市场运行与管理的机制。一方面，工程不可能完全按照市场调节来运行，追求利润的最大化；另一方面，工程必须实现良性运行，以达到调水的建设目标，实现水资源的优化配置。

11.1.3　直接管理和委托管理相结合的运营维护管理模式

南水北调东线一期工程项目法人根据实际需要和项目特点等具体情

况，采用直接管理、委托管理、移交管理等多种运行维护管理模式。东线一期工程重视通过公开招标或直接委托的形式将工程委托给具有工程管理资格和条件的单位进行运行管理，并对受托人实行合同管理。山东干线公司较多采用直接管理的运营管理模式，近年来也在探索向运用委托管理等多样化运营管理模式方面迈出积极步伐。立足工程管养分离，江苏水源公司积极探索实践专业化和市场化相结合的管养模式。根据工程实际，江苏水源公司制定了境内泵站工程和河道工程管理检查考核办法，主要包含工程管理考核的标准、要求、等级、计分、流程等，与管理合同一并执行。在对工程现场管理机构采取直接管理和市场化委托管理相结合的基础上，江苏水源公司着力加强维修检测中心能力建设，充分利用大型泵站建设和运行维护技术优势，构建工程技术服务平台，在不断提升自我服务能力的同时，培育公司对外服务的竞争力，将南水北调工程水土保持和绿化养护、供电线路专业维护专业工作等委托有资质的社会专业队伍实施，提高专业维护水平，确保管养质量。江苏省前期建成的泵站工程较多采用了委托管理模式。当前宝应泵站、刘山泵站、解台泵站通过招标选定泵站管理单位；淮安四站、淮阴三站、蔺家坝泵站、刘老涧二站采用直接委托管理模式。

11.1.4　以责任管理和考核检查为主导的运行监管机制

（1）严格日常运行监管机制。江苏水源公司建立了工程管理工作半月报制度、安全生产月报制度和季度考核制度，及时掌握现场管理单位每天的具体工作以及安全生产小组的活动情况、工程设备运用状况及查出问题处理落实情况等。建立工程管理定期和不定期检查制度，及时查找管理运行工作中的不足，有针对性地进行整改和落实。建立安全台账并进行动态管理，对检查中发现的问题，能解决的及时研究处理，暂时不能解决的，则在应急预案和反事故预案中采取相应措施。

（2）强化工程运行管理考核。建立日常监督与季度、年度考核相结合的考核机制，对各工程管理单位定期进行考核评分，量化管理水平。加强考核成果应用，建立激励机制，对管理考核优秀的单位进行表彰并给予物质奖励，不合格的单位进行通报及处罚，特别优秀的单位进行额外激励，营造争先创优的良好氛围，带动工程管理水平的整体提升。

（3）抓好防汛和安全生产。工程安全运行是南水北调工程管理的首要目标和基本任务。根据南水北调工程防汛重点和安全管理由建设转向运行的特点和实际情况，及时调整更新安全生产和防汛责任网络，严格责任制落实，并将安全生产和防汛工作作为各级管理机构季度、年度考核的重要内容，实行“一票否决”制。定期和不定期组织开展安全生产检查，排查影响工程安全运行的隐患，及时通报并督促整改到位。

11.2 中线一期工程运行管理特点

南水北调中线一期工程是为解决北方缺水、促进北方经济的发展和人们生活水平的提高而建，是我国重大战略性基础设施。中线一期工程由输水工程和输水系统组成，地理位置优越，地势南高北低，可以自流引水。水源水质较好，输水干线与现有河道全部立交，水质易于保护。工程资金来源有中央投资、银行贷款、南水北调工程基金与重大水利工程建设基金，具有公益性和经营性双重特性。截至目前，南水北调中线一期工程已经累计供水约50亿立方米。

11.2.1 三层次运行管理架构

根据《南水北调工程项目法人组建方案》，南水北调中线一期工程组建南水北调中线水源有限责任公司（简称“中线水源公司”）和南水北调中线干线有限责任公司（简称“中线干线公司”）。在工程运行期，分别负责水源工程、干线工程的日常运行调度及工程维护管理，履行“运行、还贷、资产保值增值”的职责。中线一期工程实行三级管理。一级管理机构为局机关，设15个部门，负责决策指挥、统筹协调和监督指导；二级管理机构设渠首、河南、河北、北京、天津5个分局，负责组织生产；三级管理机构为45个现场管理处，负责具体生产业务。南水北调中线一期工程在工程建设的同时，充分考虑到工作与生活设施的建设，将原建设人员有计划地转入管理机构，保持了建设与管理人员的连续性和稳定性。

11.2.2　依法依规管理运行

南水北调工程中线一期工程通水后，在工程沿线及时建立了公安派出所，实行专管与兼管相结合，形成了省、市（县）、镇、村四级执法网络，并通过广泛宣传，不断提高沿线群众的水法意识，努力营造依法管水的良好氛围，从而保证了输水河及库区安全。为加强内部管理，制定了调度运行及泵站管理等覆盖管理诸方面的办法和制度，使各项工作“有章可循、有法可依”，保证了工程管理的科学化、规范化。南水北调工程中线局在每年下达工程计划时都会明确规定，凡是经费在 3 万元以上的工程项目，要严格按照基建程序进行议标。为此专门成立了工程议标小组，举办全系统议标管理培训班，明确议标程序和要求，不断提高管理人员的水平；实行议标管理目标责任制，严格奖惩制度，杜绝一切不良现象发生。通过议标，最终使经费降至合理最低。

11.2.3　线性工程管养分离

南水北调工程中线干线工程建设管理局（简称“中线建管局”）出台了《南水北调中线干线工程运行管理与维修养护实施办法》，围绕“干什么、谁来干、怎么干”的总体思路，对具体工作按照各自的专业体系进行逐层分解。按照管养分离的原则，将运行调度、水质保护、工程巡视等涉及供水核心业务或影响工程运行安全的工作，采用自行管理的方式，全部交由自有人员承担；将机电金结、高压输变电系统、自动化系统等专业性强、技术含量高、有行业准入规定的维修养护工作，采用外部委托方式，委托社会维修养护单位承担。对土建工程维修养护、绿化工程维修养护、物业及后勤服务等在现场经常发生且任务分散、多样，技术含量不高，机动性较强的工作，采用自管维护方式，放权到二、三级机构，实行预算管理。

11.2.4　闸门控制适时调控全线流量和水位

目前，南水北调工程中线干线缺少调蓄工程，受丹江口水库水量变化影响，陶岔渠首水位一直动态变化，输水渠衬砌后，如果水位骤降，还可能引起衬砌的破坏，为保障中线工程总干渠运行安全和防洪需要，沿线各闸门必须全天候处于带电工作状态，适时调控全线流量和水位，使水面波动最小。

12 南水北调工程运行初期供水成本控制的现状与问题

12.1 南水北调工程运行初期供水成本费用构成情况

12.1.1 成本构成确定的依据

我国水利工程供水水价传统上执行单一制水价，由供水成本、利润和税金组成。

（1）供水成本。供水成本根据《水利工程供水价格管理办法》（2004）、《水利工程供水生产成本、费用核算管理规定》（1995）、《水利工程管理单位财务制度》（1994）等财政部和水利部的规定设置，主要包括原水费、固定资产折旧费、工程维护费、燃料动力费、工资福利费、管理费、财务费用和与供水有关的其他费用。

（2）利润。根据还贷保本、微利的原则，还贷期用折旧和利润偿还贷款本息，按照满足还贷要求计算利润，不考虑投资回报；还贷后按照资本金利润率的一定比例计算利润。

（3）税金。我国现行水利工程供水基本上没有缴纳增值税，南水北调工程是国家水资源优化配置的战略性基础设施项目，建议免交增值税，所得税按利润的一定比例计算。

2014 年 2 月，国务院发布的《南水北调工程供用水管理条例》第 13 条规定："南水北调工程供水实行由基本水价和计量水价构成的"两部制"水价，具体供水价格由国务院价格主管部门会同国务院有关部门制定。水费应当及时、足额缴纳，专项用于南水北调工程运行维护和偿还贷款。"与单一制水价相比，中线一期工程探索实行的两部制水价，由基本水价和计量水价构成。前者按合理偿还贷款本息、适当补偿工程基本运行维护费用的原则制定，后者则按补偿基本水价以外的其他成本费用以及计入规定税金的原则制定。目前，中线一期工程因考虑各地承受能力差异，河北和河南采取暂按运行还贷水价核定计价方式，天津和北京则采取成本水价计价方式，过渡期3年。2014年12月，国家发展改革委发布的《关于南水北调中线一期主体工程运行初期供水价格政策的通知》对中线来水价格定出的基本框架是运行初期把受水区分为6区段实行成本水价，并按照规定计征营业税及其附加。其中，河南、河北暂时实行运行还贷水价，以后分步到位。以此为标准，干线一期工程河南南阳段、河南黄河南段（除南阳外）、河南黄河北段、河北、天津、北京各口门综合水价分别为每立方米0.18元、0.34元、0.58元、0.97元、2.16元、2.33元。同为“两部制”水价，河南、河北两地水价要实现的目标是基本水价满足还贷要求和基本运行即可，而天津和北京两地水价所计提的折旧率要高出不少。

12.1.2　南水北调中线一期工程供水成本构成

南水北调中线一期工程干线供水成本包括人员工资福利费、工程维护费、固定资产折旧费、动力费、工程管理费、原水费、利息净支出、其他费用等项。按照国家发展改革委研究制定中线一期工程运行初期供水价格相关政策时的测算结果，在年供水95亿立方米（规划设计调水规模）的情况下，中线一期工程干线供水成本费用约为91.700亿元（图12.1）。其中，固定资产折旧、工程维护费、原水费、利息净支出、工程管理费、动力费、人员工资福利费分别占36.67%、17.98%、17.69%、14.57%、4.65%、4.06%、3.10%。可见，固定成本比较大，刚性成本支出比较高。

中线一期工程水源供水成本包括人员工资福利费、工程维护费、固定资产折旧费、工程管理费、利息净支出、其他费用等项。按照国家发展改革委研究制定中线一期工程运行初期供水价格相关政策时的测算结果，在年供水95亿立方米（规划设计调水规模）的情况下，中线一期工程水源供水成本费用为15.726亿元（图12.2）。其中，固定资产折旧、利息净支出、工程维护费、工程管理费、人员工资福利费分别占

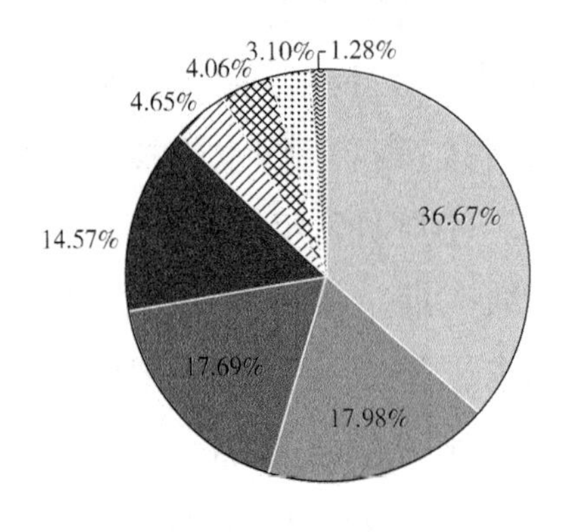

图 12.1　测算水价时中线一期工程干线供水成本构成

75.69%、18.35%、4.06%、0.97%、0.64%，同样呈现出固定成本比较大、刚性成本支出比较高的显著特征。

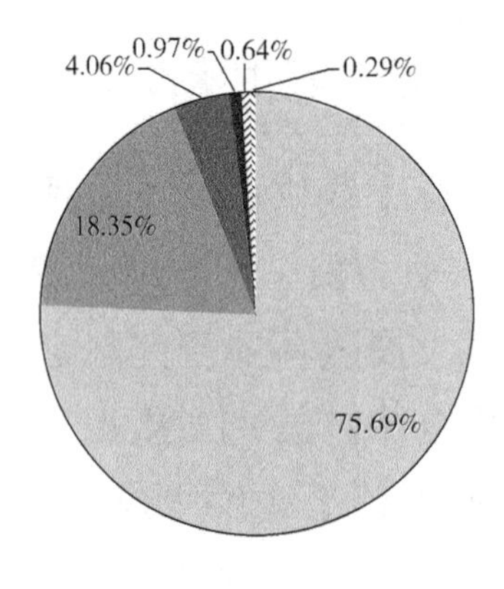

图 12.2　测算水价时中线一期工程水源供水成本构成

根据中线建管局《关于下达河南分局 2016 年度预算有关事项的通知》（中线建管局预〔2004〕3 号），河南分局 2016 年度成本费用预算项目及其构成如下：维修养护费用（49.43%）、制造费用（31.49%，包括生产部门的人员经费和管理费用）、管理费用（13.11%）、燃料动力支出费用（5.47%）（图 12.3）。其中，维修养护费用中占比较大的子项包括土建和绿化、日常开支、安全保卫、安全预测、专项支出、高压输配电等。由图 12.3 可知，中线建管局河南分局维修养护费用、人员经费和管理费用等项目占比相对较高。但目前的实际开支不代表以后正常运行时期的成本开支，目前工程处于运行初期和成本控制摸索阶段，维修养护高峰尚未到来，预算管理控制的主要部分是现金支出，不含折旧，而且还本付息在中线局。动力费与抽水量成正比，还本资金来源于折旧，维修养护费与维修养护频次、维修难度等息息相关。

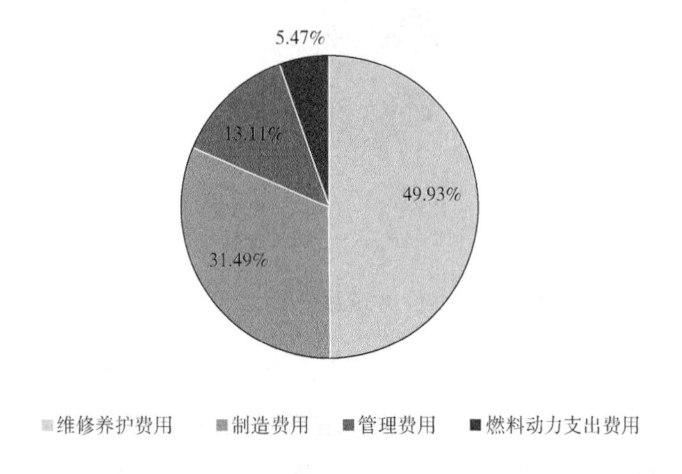

图 12.3　中线建管局河南分局 2016 年度成本费用预算构成

12.1.3　南水北调东线一期工程供水成本构成

南水北调东线一期工程供水成本包括新增工程的成本费用（扣除专门为排涝增加项目的成本费用）和现有工程中为南水北调新增供水量服务的成本费用两部分。现有工程包括已有的输水河道工程、泵站工程等。新增工程主项包括蓄水和穿黄工程、输水河道及泵站工程，以及南水北调信息管理系统工程等。具体而言，东线一期工程供水成本构成包括固定资产折旧费、工程维护费、人员工资福利费、工程管理费、利息净支出、抽水电费和其他费用 7 项。按照国家发展改革委研究制定东线一期工程运行初期供水价格相关政策时的测算结果，在年供水量达到规划设计调水规模的情况下，东线一期工程供水成本费用约为 31.335 亿元（图 12.4），其中，固定资产折旧费、抽水电费、工程管理费、人员工资福利费、利息净支出、工程维护费分别占 25.71%、25.08%、16.39%、10.93%、10.40%、9.64%。一方面呈现出固定成本比较大、刚性成本支出比较高的总体特征；另一方面，与东线一期工程运行特点息息相关，抽水电费占比相对较高。

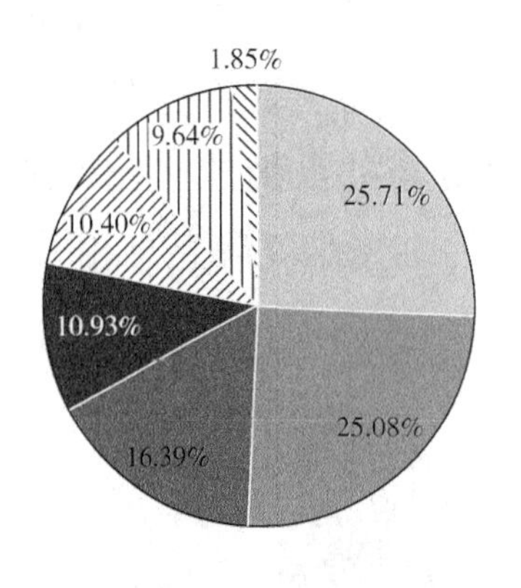

图 12.4　测算水价时东线一期工程供水成本构成

近年来，东线江苏水源有限责任公司成本控制效果初显。根据 2015 年 7 月 1 日至 2016 年 6 月 31 日运行管理南水北调工程的现金支出的实际状况，江苏水源有限责任公司提供的满足工程运行最低成本费用项目及其构成如下：付息（35.63%），还本（23.35%），动力费（14.62%），人员工资福利费（11.27%），其他费用（5.89%，包括防汛岁修、捞草费、水文水质检测费、江水北调配合费），工程管理费（5.48%），工程日常维修养护费（3.05%），工程大修费（0.71%），总计 9.85 亿元（图 12.5）。还本和付息这两块刚性支出较高、抽水电费占比相对较高等

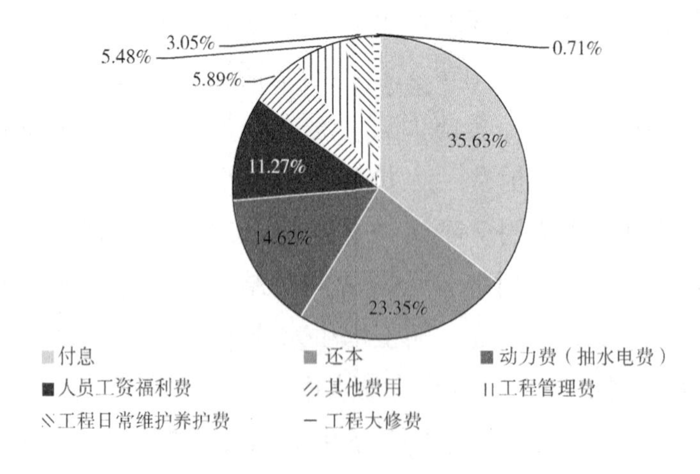

图 12.5　江苏水源有限责任公司运行管理成本费用构成

特征，与上述国家发展改革委测算结果大体一致。同样，目前的实际开支不代表以后正常运行时期的成本开支，目前工程仍处于运行初期和成本控制摸索阶段。

12.2 南水北调工程运行初期供水成本控制管理的现状

12.2.1 初步建立内部控制等制度

随着南水北调工程由工程建设管理期进入运行管理期，南水北调工程运营企业高度重视内部控制建设，初步建立了一系列规范制度。南水北调运营企业通过内控制度建设，使各项工作步入制度化、程序化、规范化、标准化管理模式。

中线建管局河南分局在制度建设方面，主要有《投资管理实施细则》《计量与支付管理实施细则》《合同管理实施细则》《河南分局费用开支管理实施细则》《河南分局现金管理办法》《河南直管建管局待运行期工程开支管理办法》等。

江苏水源有限责任公司通过加强管理制度体系顶层设计，用规章制度规范工程管理行为。在系统研究国家和江苏省相关制度办法的基础上，结合江苏省工程管理的实际，已制定《工程管理考核暂行办法》《工程维修养护项目管理办法（试行）》《分公司考核办法（试行）》《南水北调江苏境内工程管理办法（试行）》等管理制度，组织编写《南水北调泵站工程管理规程（试行）》和《南水北调泵站工程自动化系统技术规程》，并经国务院南水北调工程建设委员会办公室（简称“国调办”）批准作为行业规范正式颁布执行。同时，修订完善工程管理委托合同条款，实行管理维护工作“清单化”，并指导分公司和现场管理单位修订完善工程运行操作规程、安全生产、重大危险源登记等近50项工作制度并监督实施。

12.2.2 企业化运营财务管理

南水北调运营企业依据“建设期运行”的财务管理目标，开展基建财务管理整体向企业财务管理转型工作，以通水运行管理为中心，实行企业化运作，将管理工程基本建设项目作为在建工程纳入企业财务管理，实现运行和基建财务管理一体化。根据管理职责，做好资金、资产、预算、成本和费用等管理工作，坚持事前审批，事中、事后分析管理原则，强化预算刚性制约机制。

12.2.3　试行全面预算管理

南水北调工程成本控制试行全面预算管理。全面预算管理是企业实现有效管理、提高效益、实现稳步发展的迫切需要，是现代企业管理科学化的重要标志，也是供水企业完成好承担的社会责任，并实现自身生存和发展的需要。南水北调工程运营企业财务上实行全面预算管理，所有开支严格按照一级运营单位批复的年度预算执行，不随意更改计划，不挪用已下达的计划资金。根据全面预算管理办法，明确全面预算管理的任务、原则、职责分工，规范预算编制、审批、执行、调整、考核及监督等具体工作。供水单位在编制年度预算时，根据工程维护需要安排足够的维修养护经费，以保证南水北调工程的安全运行。

12.2.4　严格控制采购管理

南水北调工程投资实行“静态控制、动态管理”主体责任，全面开展工程建设全过程投资控制工作；建立集决策、协调、预警、指导、服务、咨询、监督、奖惩于一体的投资控制工作机制；合理设置机构，明确采购分工，统一采购；对新建、改扩建、大建、技改、专项维修等专项项目及日常养护维护项目，在一定范围内（如中线建管局规定为200万元）的工程以公开招标的方式进行。对竞争性谈判、询价、单一来源、零星采购、零星用工等具体项目的采购方式，由采购部门根据项目特点及预估造价确定。

12.2.5　健全优化调度

南水北调各线根据当前阶段的来水、用水情况及未来长期的供需水规律确定调度策略，并使其调度策略既适应当前的来水、用水情况，又使其与中长期最优运行策略偏离最小。在调度组织上分为三级管理：一级调度机构为总调度中心，二级调度机构为分调度中心，三级调度机构为中控室。推进信息化调度系统建设，利用现代化管理手段，实现统一调度、集中控制、分级管理、闸站无人值班、少人值班，降低成本。水量计量方法既是技术关键点，更是调水效益的关键点。积极协调、努力探索成本最低、效益最大的调度方案，落实全员安全责任，建立人防、物防、技防、预防为主的立体化工程安全管理体系。

12.2.6 探索以技术创新和管理创新实现降本增效

降本增效是运行管理工作的核心任务，南水北调工程应立足技术措施、管理手段等的优化，有效控制各项运行管理费用，初步实现降本增效的目标。

（1）江苏水源公司创新探索泵站主机组状态检修方式。江苏省南水北调 14 座泵站共有 59 台机组，按传统的定期检修方式进行检修，检修成本较高。采用专家主导的设备状态检测诊断方式对主机组进行关键技术指标评估，提前消除机组故障薄弱的环节，能够实现以最小的成本有效延长机组检修周期。经测算，若开展状态检修，预防性检查按延长大修周期 40% 来测算，每年可节约大修经费约 100 万元。

（2）江苏水源公司研究试行直购电方案。2014 年，江苏能源监管办、江苏省经信委、江苏省物价局联合出台了《江苏省电力用户与发电企业直接交易试点暂行办法》《江苏省电力用户与发电企业直接交易扩大试点工作方案》，正式启动了电力用户与发电企业直接交易试点工作，发电公司电价比从电网购买的电价每千瓦时便宜 0.2 ~0.3 元。电费是运行成本的重要直接支出，经前期与省经信委洽谈，2016 年 10 月，江苏水源公司出台试行直购电实施细则，为 2016—2017 年度调水试行直购电方案进行前期准备。

12.3 南水北调工程运行初期供水成本控制管理存在的问题

12.3.1 部分干部员工观念滞后，成本控制意识偏弱

调研发现，和东深供水等行业标杆相比，南水北调运营企业部分干

部员工观念滞后，工程建设思维和事业单位思维偏重，等、靠、要思想偏重，主人翁意识和成本控制意识偏弱；运营系统人员活力和创造力尚未充分激发出来，无法满足工程运行期现代企业运营的实践要求，制约着南水北调工程运行初期成本控制的实施；面对困难和挑战，压力和诉求反馈较多，主动创新和积极应对偏少。当然，这可能与南水北调工程从建设期向运行初期转换有关。

12.3.2　成本控制制度仍有改进空间，过程控制不够精细

当前南水北调运营企业决策层普遍重视成本控制的基础工作，制定了相对系统的成本控制制度，并在运行中初显成效。但成本过程控制不够精细，成本控制制度依旧存在较大的改进空间。例如，当前南水北调运营企业已经试行全面预算管理，但成本预算指标科学化仍有提升空间，一线部门可落地生根的降本增效措施不足，成本预算计划执行情况的动态分析与信息反馈不足，尤其是定额管理仍带有建设管理的痕迹，未能很好地衔接工程运行管理，导致实际执行与定额发生偏离。又如，降低成本导向的运行管理流程优化和过程控制不足，计划性维护和预防性维护较少。

12.3.3　部分管理人员素质不高，加大了工程管理的无效成本

部分南水北调工程管理人员素质不高，管理粗放，落后于工程运行精细化管理的实践要求。管理队伍庞大，传统管理手段多，效率偏低，管理成本偏高。部分干部职工改革、创新和自强的精神不足，高素质、复合型人才缺乏，难以适应调水供水工程运行管理的要求。安全保卫及工程巡视工作聘用人员素质参差不齐，不能满足运行管理高标准、高强度的工作需要。管理人员技术素养低，不能很好地控制和把握南水北调工程的进度、质量和成本，影响南水北调工程运行初期的成本控制。

12.3.4　工程养护费需求大，刚性运营管理成本高

作为合理配置水资源的重大战略性基础设施，南水北调工程线长、跨度大，维修养护点多，沿线突发事件、应急事件发生频率高，尤其是

汛期应急抢险频繁，突发事件处置费用较大，刚性运营管理成本高，部分地区现有维护养护定额无法满足现场工作需要。土建、绿化日常项目中除草、植草费用比例较大，劳务市场工资水平较高，现有预算匹配工作需求挑战大。机电设备有损易坏，维护难度大，更换频繁，进口设备零部件单价高、数量多，维护成本大幅增加。

12. 3. 5　未来还贷和维护需求增加，工程运行财务状况有待改善

国家明确规定，南水北调工程供水实行由基本水价和计量水价构成的两部制水价政策，水费应当及时、足额缴纳，切实保证工程的良性运行。无论是售水量达不到预期目标还是实缴水费过低，都会导致南水北调一期工程运行面临财务困境。目前，南水北调工程尚处于运行初期，未来还贷和维修养护需求增加，仅还贷支出就占现金支出的一半左右甚至更高，还贷压力较大，综合收益低，工程运行财务状况有待改善。

13 典型国家调水工程运行成本控制经验借鉴

13.1 美国加州调水工程运行成本控制的经验及启示

美国自 19 世纪始至今已建成跨流域调水工程近 20 项，总调水量超过 300 亿立方米。其中最具代表性的调水工程首推加利福尼亚州的北水南调工程，它是全美最大的多目标开发工程。该工程于 1957 年动工，1973 年主体建成，是一项由水库、渠道、电厂和泵站组成的蓄水、调水工程系统，全长 960 千米，年调水量 52.2 亿立方米，工程总投资 50 亿美元。该工程是美国最大的州建综合利用水利工程，其规划、建设及运行由加州水资源管理局负责。北水南调工程的主要目标是供水，即拦蓄洪水期的部分径流分配到加州中部、旧金山湾区、圣华金流域及南加州；它还具有防洪、发电、旅游、鱼类和野生动植物保护效益等。加利福尼亚州北水南调工程是世界上最大的也是较成功的调水工程之一，它为洛杉矶等城市的经济长期发展奠定了基础，其经验值得我们借鉴。

13.1.1 合理设计运营管理架构，使工程高效运作

加州调水工程项目由州政府拥有。工程建设单位和运营管理单位为加州水资源管理局（主体工程）和用水户联合会（配套工程）。加州水资源管理局负责管理工程的建设阶段和运行阶段，其配套设施相当完善，拥有最先进的 SCADA（supervisory control and data acquisition）水资源信息监控与数据采集计算机自动化技术对工程的运行进行监控。工程建设运营管理的特点是政府不直接介入工程建设，一切均由建设单位按法律操作。总干渠以下的配套工程由用水户自建。在受水区，大量分散的用水户自行组成了 29 个用水户联合会，每个联合会都是一个经济实体，负责各自范围内配套工程的建设、维护、计收水费，有一整套管理运行机

构。无论是工程建设阶段还是运行阶段，加州水资源管理局均只与用水户联合会打交道。

13.1.2 有法可依、有章可循、规范化管理

美国调水工程的建设与管理均严格按照有关法律法规进行，往往是一项联邦政府或州政府投资建设的工程，相应地就有一部具体的法案，即一项调水工程从批准之日起，在水量分配、投资、工程质量标准、工程良性运行管理机制和建成后的效益发挥等方面都有法律上的保障。无论是工程的组织建设、管理机构设置、职责划分、运行调度，还是水量控制与分配，以及水事纠纷处理等，都有相应的法律或具有法律效力的规范性文件为依据，如《加利福尼亚州调水项目法令》《水合同》等，使项目管理有法可依、有章可循。

13.1.3 实行优惠的投资政策，降低财务成本

水资源开发工程，特别是跨流域调水工程，往往具有社会、经济、环境效益明显、财务效益相对较差的特点，而这类工程又是国民经济和社会发展的重要基础设施。因此，美国政府对此类工程的建设投资给予了很多优惠政策。例如，对防洪、环境保护及土著人保护区工程，实行政府拨款；对纯灌溉工程，实行 40 ~ 50 年的政府无息贷款；对具有发电、供水等综合效益的工程，实行长达 50 年的政府低息贷款，且建设期免息。另外，政府还会根据需要，授权工程建设部门发行各类债券筹集建设资金，以及通过设立受益区和受益行业调水建设基金等形式筹集建设资金。

13.1.4 依靠水银行完成水权交易，降低了交易成本

加利福尼亚州依靠水银行完成水权交易，优化跨流域调水资源的配置。水银行是水权交易的新形式，是调水工程水资源再分配的机制，创新了市场化水权管理的具体方式。加州“水银行”是在美国的社会体制下根据本地区的特点，按照市场经济体制逐步建立和完善起来的。水银行根据年度、季节来水状况制定水权交易策略，在充分把握用水水量余

缺信息的基础上，充当水权交易的媒介，将年度可调水量分为若干份额，采用股份制方式加以管理。存在水权结余的用户可以转让水权，并从中获得相应的经济利益；缺水用户可以投资购买水权，获得可供利用的水量。进入水银行的成员有严格限制，用水户被要求按规定的范围和用途使用水，禁止购买超出定额的需水量。为保证水权交易不对人体健康、生态环境造成负面影响，州政府专门制定了有利于水权交易的法律法规。水银行促进了水权市场的运作，水权价格唤醒了用水户的节水意识，激发了用水户节水的自觉性和主动性，促进了水权流转及水资源的合理再分配。在加利福尼亚州，1991 年，45 天内水银行竟买到了 10 亿立方米的水，其买入价为 10 美分/米^3，卖出价是 14 美分/米^3。这种模式的“水银行”给加州带来了巨大的回报，已成为美国实施调水工程供水管理主要的辅助办法。

13.1.5　按照成本回收的原则制定水价

加利福尼亚州调水工程由加利福尼亚州水道工程、洛杉矶输水渠和科罗拉多引水渠 3 大工程组成，由加利福尼亚州水资源局管理运营，是以供水为主，兼有防洪、发电、旅游、水土保持、渔业等多目标的水利工程。该工程建设资金主要来自加利福尼亚州水基金、向社会发行债券、联邦防洪工程拨款、加利福尼亚州旅游工程拨款、水合同预付款等。工程全部投资分摊于工程的各个用途，水价制定按照成本回收的原则，不考虑用户的承受能力，一切按合同办，没有区别对待，若交纳不上水费，则采取断水措施。

水价的构成包括建设投资及利息和工程运行维护费，计价方式为包括基本水价和运行费计量水价的两部制水价。由于加利福尼亚州水资源局将加利福尼亚州调水工程分为蓄水工程和输水工程，所以水价由蓄水水费和输水水费组成。蓄水水费由蓄水设施基建费用及利息、最小运行维护、电力消耗以及更新改造费用核算，该部分费用对所有用户是相同的。输水水费分为两部分：基本水费和计量水费。基本水费包括输水设施基建费用及利息、最小运行维护、电力消耗以及更新改造固定投资费用；计量水费包括可变运行维护费、电力消耗等。输水水费取决于输水渠道投资以及运行管理费用，与水源地距离越远，输水水费就越高，到工程最末端，水价高达 36.5～40.5 美分/米^3。在水价中，蓄水水费按照成本变化，每年核定一次，输水水费也是每年核定一次。但在每年的运营过程中，可能会对单位水价进行若干次修改，以反映实际费用和收入的变化。

电力消耗是加州水工程水定价的重要成本因素。沿程泵站每年总共需要耗电 120 亿千瓦·时，但沿程几座水电站每年又能发电 80 亿千瓦·时。出于经济上的考虑，加州水资源局采取泵站在电力负荷低谷时用电、水电站则在电力峰荷时售电给电网，因此，每年电费收入达 1 亿美元，这对水价的确定很重要。

13.1.6 多目标开发利用，充分发挥工程的综合效益

以调水工程为核心，统筹考虑一些经济效益好的项目（如电力开发、旅游等），大力开展综合经营，用这些项目的经济收入补充调水收入的不足，做到“以综合经营养水”，这样不仅确保了调水工程的正常运行，按期偿还工程投资，还能实现工程自身的滚动发展。例如，加州调水工程的首要目的是调节不同地区间的水资源供求不平衡，其次是利用调水工程的有利条件，大力发展旅游事业和综合经营（如防洪、发电、改善水质、休闲娱乐、改善生态环境等），取得了显著的经济效益和社会效益。

13.1.7 美国加州调水工程对我国南水北调工程成本控制的启示

（1）发挥政府主导作用，合理设计管理结构。只有政府才有责任和能力组织建设跨流域调水这类重大项目，营利性企业一般不愿意参与这类周期长、见效慢的工程投资，即使是美国这种市场经济高度发达的国家也不例外。对如此重大的公共基础设施建设项目，政府加强决策、协调、支持与管理，包括作为工程建设的投资主体和主渠道，从而充分发挥政府的宏观调控作用和行政管理作用，这是调水工程项目成功建设与运营的关键。

调水工程运行管理可以做到产权清晰、责权明确、政企分开、管理科学，但项目的公益性决定了企业不可能成为完全的市场竞争主体。因

此，南水北调工程项目运作的总体思路是政府主导，财政资金保证，准市场运作，公司化经营。必须要在政府与跨流域调水工程管理单位之间建立起职能清晰、权责明确的管理体制，调水工程管理单位内部才能建立起管理科学、经营规范的运行机制；要明晰政府和运营公司之间的权利和义务划分，也就是要明确公益性和经营性效益的分享，确定公益性投资和经营性投资的比例。调水工程所产生的生态环境和社会效益的公益性投资，是政府的投资补偿行为，一般无须投资回报，甚至可以不回收成本。

（2）建立完善的、有针对性的政策与法律保障体系。跨流域调水工程必须采用经济、行政、法律手段相结合的方式进行管理，尤其应该突出法律手段的作用。大多数调水工程投资大、建设工期长，往往跨越政府换届周期，下届政府工作重心变化容易影响工程；加之调水工程是关系国计民生的长远大计，而且有时涉及跨地区、跨行业的利益关系，必须制定一套保护工程的法律，如涉及水源保护、调水沿线工程设施保护、用水许可等，以保障调水工程的顺利运营。从调水工程项目立项确定规模，到项目施工与管理、投资偿还、水价制定及水费收取等，都应从实现水资源的可持续利用、适应地区民生经济和社会发展需要出发制定法律法规，它是调水工程运营管理的法律基础和保障，是调水工程运营与管理获得成功的重要保证。

（3）建立适合我国国情的水权银行制度。我国的国情和水情与美国不同，不能完全照搬照抄加州水银行制度，但可借鉴其合理科学的部分，构建适合我国南水北调工程的“水权银行”，通过制度创新和技术创新来改革我国水资源管理体制。只要受水区水资源时空分布不均、水资源供求矛盾严重或调水量出现周期性波动，水权银行就能配合调水工程充分发挥对水资源进行合理配置的作用。因此，当我国南水北调工程出现以上情况时，可以借鉴美国加州“水银行”的经验，在政府的宏观指导下，结合各受水区实际的水资源短缺情况，适时启动与调水工程配套的、与之相辅相成的水资源配置模式——水权银行，建立供水管理与需水管理相结合的水资源优化配置机制，通过水权流转实现水资源合理再分配。

（4）重视配套工程建设及设施的维护与更新。跨流域调水工程一般要通过各种配套工程来具体发挥作用，没有合理、完善的配套工程，就难以充分发挥调水工程的效益。美国跨流域调水工程的建设有一整套严谨、完善的质量保证体系，以确保工程施工质量的完好；在工程设施、设备的维修、养护与更新方面，也有相应的规程、规范加以约束，工程管理机构十分重视这方面的工作，因为这直接关系到工程能否长期、稳定地运行。因此，许多调水工程经过几十年的运行，其设施、设备仍比较完好。

13.2 澳大利亚雪山调水工程运行成本控制的经验及启示

澳大利亚雪山调水工程位于新南威尔士州东南角的南阿尔卑斯山中。雪山调水工程作为经济发展的主要基础设施，具有水力发电和灌溉用水双重用途。雪山调水工程由隶属于澳大利亚联邦政府的商业企业——雪山水电公司建设运营，该工程于 1949 年开工建设，从 1955 年开始就有单项工程投入运行，1974 年全部完工并投入运营，总投资 8.2 亿澳元。工程包括 16 座水库，总库容约 84.7 亿立方米，有效库容 69.1 亿立方米；12 条隧洞，总长约 145 千米；7 座水电站，总装机容量 3756 兆瓦，其中，2 座地下式、1 座抽水蓄能式电站和 1 座抽水泵站以及 80 千米长的输水渠（管）。330 千伏的输电线路将“雪山工程”水电站与新南威尔士州和首都地区的电力系统连接起来。雪山工程由南方工程和北方工程两部分组成。南方工程位于工程南部，主要用于向墨累河调水；北方工程位于工程北部，主要用于向马兰比吉河调水。两工程均为利用斯诺伊河的水资源向维多利亚州和新南威尔士州供水并充分利用了其潜在发电能力的双向引水工程。

调水工程管理水平的高低直接关系到其效益的发挥及安全、正常运行。因此，雪山调水工程采取合理的管理体制，配备高素质的管理人员和现代化的管理设施，降低运行成本，不断研究、总结管理问题与经验，从而形成良性的运行管理机制。

13.2.1 统一调度，降低管理与协调成本

水源与调水的统一运营管理是充分发挥工程效益、实现调水安全的

有力保障。20 世纪初，澳大利亚联邦政府通过立法，将水权与土地所有权分离，明确水资源是公共资源，所有权归国家拥有。调水工程是水资源使用权的再次分配（或转让），雪山工程为跨流域调水工程，其调出水量在联邦政府的协调下，由相关各州根据协议确定。在水源和调水调度上，由雪山委员会统一管理，这种统一调度管理模式在调度过程中能够统筹兼顾调水与发电、防洪等其他功能的关系，有利于提高工程的利用率，发挥工程的综合利用效益，最大限度地实现调水工程的安全和调水目标。

13. 2. 2　企业化管理，提高经营效率

自 20 世纪 90 年代开始，澳大利亚所有的服务行业和气、油、电、水等行业都进行了改革，尽量把这些行业私有化或成立国有公司。为实现新形势下调水工程的良性运营，2002 年 6 月，澳大利亚国会和相关各州议会立法通过将雪山工程管理局改制为股份有限公司，由联邦及相关各州政府控股，实行股份制运作、企业化管理，实现了所有权与经营权分离，提高了企业和资本的运作效率，理顺了投资各方的产权关系和雪山工程公司与用水户的关系，保障了所有者的权益。管理和运营雪山工程是雪山工程公司的主要业务之一，此业务由中央政府发给营业执照，通过立法规定详细的运营方式，它有权使用国有资产并向用水户供水，国家通过授权详细规定了在各种条件下如何调控水量以达到计划要求，授权其管理所有资产，并进行市场化运作。政府对供水公司的管理是通过具有法律效力的授权及财务审查来体现的，供水公司不拥有水权，它无权向无用水许可证的需水户供水。

13. 2. 3　以先进高效的信息化系统支撑成本管理

很多国家都十分重视现代化技术和先进管理设施与设备的应用，通过建立自动化控制系统，有效地进行用水控制和运行调度，随时掌握调水工程的运行状况。同时，通过配备高素质的管理人员，注意管理问题的研究与新技术、新方法的运用，建立完善的配套工程，有效提高工程管理水平，实现调水工程的最佳效益。

澳大利亚雪山调水工程的所有水电站均采用遥控无人值守，不但可

以连续提供各水库蓄水、发电运行情况和各种需要的图像，而且提高了水电站的运行效率。通过在调水工程中广泛应用 SCADA 水资源信息监控与数据采集计算机自动化技术（即计算机四遥——遥测、遥控、遥信、遥调技术），把现场实测信息传达到监控中心，根据调度管理模型控制电站、泵站、大坝的运行状态，并把电力市场运作系统与工程监控管理系统相连接，对全部工程实行计算机监控与运行管理。信息化系统的应用虽然在短时间内提高了工程造价成本，但从长远看来，信息化系统不仅提高了调水的准确性，同时由于人工成本降低，大大减少了后续的工程运营成本。

13.2.4 澳大利亚雪山调水工程对南水北调工程成本控制的启示

（1）加强水源与调水干线统一调度。为实现水资源优化配置，加强水源与调水干线统一调度是实现调水工程目标和安全运营的有力保障。澳大利亚雪山调水工程是跨流域、跨州界的调水工程，其调出水量在联邦政府的协调下，由相关各州根据协议确定。而在工程运行调度上，由雪山委员会统一管理，统筹兼顾调水与工程其他功能的关系，最大限度地实现供水安全。

我国南水北调工程也是跨流域、跨省市的调水工程，工程建成后，每条输水线路也应该统一调度、统一运营管理。南水北调中线工程可考虑将现有的南水北调中线水源有限责任公司和南水北调中线干线工程建设管理局甚至包括汉江集团公司，在进行主辅分离、资产重组后，统一组建南水北调中线有限责任公司，全面负责南水北调中线工程从水源到调水干线的一体化运营管理；东线工程则可择机做实由东线总公司全面负责南水北调东线工程从水源到调水干线的一体化运营管理。

每条输水线路统一调度、统一运营管理，有利于水资源的统一管理和水量的统一调配，有利于提高管理效率，有利于统筹兼顾调水与灌溉、防洪、航运（东线）、发电（中线）等各项功能的关系，有利于受水区和水源区经济社会的协调发展。由此可见，水源与调水干线的统一调度、统一运营管理是实现南水北调工程目标和安全运营的有力保障。南水北调工程全线统一经营，可以将外部成本内部化，将极大地降低交易成本。

（2）实行国家宏观调控基础上的企业化运营。以国家宏观调控为基础，实行股份制运作与企业化管理是实现南水北调工程良性运营的关键。调水工程一般是国家从经济社会发展的全局出发所做的水资源配置的政府行为，是保证经济社会可持续发展的战略性工程，必须以国家宏观调控为基础。股份制是市场经济条件下的一种有效资本组织形式。我国南水北调工程投资结构的多元化客观上要求调水工程实行股份制运作。企业化运营管理之后，南水北调运营公司自负盈亏，规范化运营，必将在企业运营成本核算、控制、监督等方面做出很大改善，从而实现企业自身利益最大化。

（3）加强运行管理的信息化支撑。为了充分发挥调水工程的作用，合理利用水资源，充分发挥调水工程的运行效率，降低运行成本，适应工程“准市场化”运营的要求，利用先进的信息采集技术、通信技术及视频传输技术等，建立一套集信息采集、通信、监视、会商于一体的现代化管理系统是非常必要的。从澳大利亚雪山工程管理与运营的经验来看，调水工程的信息化建设可以逐步建立现代化的调水工程调度管理体系进行调水控制，随时掌握工程的运行状况，并在实现稳定、安全供水的同时降低运营成本。

现代化管理信息系统建设的总体目标是建设一个以采集输水沿线调水信息（包括水量、水位等水文信息，水质信息及工程运行信息等）为基础，以通信系统为平台，以监控和调度管理为核心的南水北调工程信息采集与传输系统；组建一个连接总调度中心、调度分中心、各泵站、重要闸站（分水口门）的，稳定可靠、实用先进的，能够开展各项通信综合业务的通信系统，为南水北调工程的水量监控、水质监测、水资源统一调度管理提供可靠的通信保障。

13.3　巴基斯坦西水东调工程运行成本控制的经验及启示

巴基斯坦的西水东调工程是世界上已建的调水量较大的调水工程之一，该工程从西三河向东三河调水。巴基斯坦调水工程于1960年开始建设，到1977年基本建成，主要工程包括2座大坝，6座大型拦河闸，

1座倒虹吸，新建8条调水连接渠道，沟通东西6条大河，工程总投资21.9亿美元。20世纪70年代以来，西水东调工程陆续发挥在灌溉供水、发电和防洪等方面的效益，促进了缺水区的经济开发；提供廉价无污染水电，促进航运事业发展；净化污水，改善水质；调水大坝和渠道一带还成为吸引旅客的休闲旅游资源。

13.3.1 制定详尽完善的规章制度，指导调水工程的运营管理

世界上大多数国家都非常重视跨流域调水工程建设与管理方面的立法。在调水工程的组织建设、管理机构设置、职责划分、运行调度、水量控制与分配、水事纠纷的处理等方面，都有相应的法律或具有法律效力的规范性文件做依据，且能在实践中严格执行，做到依法治水与管水，保障跨流域调水工程的正常实施与运行。

巴基斯坦在西水东调工程的管理上，坚持依法治水、依法管水，管理机构健全，规章制度明确，对工程的维护、检查、观测和运行制定了详细而严密的规章制度。这些规章制度具有规程规范的性质，对各项工作的范围、内容和标准规定得详细、具体，许多方面都有定时定量的要求，对有关工作人员的职责也规定得明确而严格。

13.3.2 统一调度与管理，降低内耗，提升效益

巴基斯坦政府于1958年仿照美国TVA模式创建了国家水电开发总局，全面负责发电、灌溉、供水、防洪、流域管理、内河航运、大型水利水电开发项目等水利水电事业的调查、规划、设计、建设与管理等。西水东调工程的建设与管理由国家水电开发总局全权负责。另外，巴基斯坦政府也非常重视调水工程的调度运用，发挥调水工程的综合效益。根据调水工程对河川径流的调节功能和有关的运行目标，结合灌溉、发电、防洪等要求，绘制调度运行曲线，严格控制调度，取得了良好的效果。

13.3.3 高标准、高质量建设，降低后期维护成本

巴基斯坦西水东调工程包括联结渠、拦河闸，还有大型水库，并且

按照调水要求来确定水库库容，将蓄水与调水有机地结合起来。西水东调工程利用向下游缓慢倾斜的有利地形条件，按照不同高程布置多首制连接渠，即由一条河向另一条河输水，通过 2 ~ 3 个连接渠，运行起来机动灵活。有些连接渠深达 12 米以上，其水面低于地下水位，有利于地下水排泄；而对水位高于地下水位的连接渠，则采取局部衬砌来减少渗漏，采用沿连接渠打井抽水的措施来消除或减轻由此带来的不利影响。连接渠与很多排水渠交叉，多数采用立交工程，也有些采取平交与立交相结合的办法，调度运用灵活、方便。

13.3.4　重视节约用水，降低调水工程自身的水耗成本

工业要求循环用水和废水处理后再利用，农业要求大力发展喷灌、滴灌等节水型灌溉方式。为减少输水损失，重视渠道衬砌。在渠道上设置节制闸，并通过先进的调度控制手段，一般很少设置和使用退水建筑物，使调出的水量得到充分利用。

13.3.5　巴基斯坦西水东调工程对南水北调工程成本控制的启示

（1）建立统一、高效的南水北调工程管理体制。南水北调中线工程跨越三省、两市、四流域，是涉及多个部门的复杂水资源配置工程，需要建立一个适应市场要求的统一高效、具有权威的水资源管理体制，以有利于水资源优化调度与配置，有利于节约用水，有利于改善水环境和调水工程系统的良性运行。

（2）完善成本管理控制的政策法规、规范规章。建立适应调水工程统一管理体制的水政策与法规体系，实现南水北调供、受水区水资源供需平衡和南水北调来水与本地水源的平衡利用。同时，创造适应市场运行的水资源保护、开发和利用的新机制，如全面征收水资源费、实施阶梯式水价、建立节约用水奖惩制度、严格控制开采地下水等措施，确立保护水资源的政策和执行水源保护区的保护措施等。

（3）政府实行必要的优惠扶持政策，降低财务成本。由于跨流域调水工程是集经济效益、社会效益和环境效益于一身的综合效益工程，具有一定的社会事业性，其经济效益往往不很理想，而且还涉及用户对水

费的承受能力问题。因此，政府必须给予相应的优惠扶持政策，如在投资、税收、综合经营等方面给予优惠政策，以保证调水工程能够维持自身的良性循环。

（4）鼓励用水户参与成本监督管理。近年来，许多国际组织，如世界银行、粮农组织、世界粮食计划署和国际灌排委员会等都十分重视在灌区推广农民参与管理的体制，倡导组建用水户协会，凡是世界银行等国际组织投资援建的灌溉工程项目，强调必须吸收农民参与管理和组织用水户协会。为此，近10多年来，世界各国特别是发展中国家，在新建和改建灌区时，都把下放管理权和组织用水户参与管理作为一项重要内容，并且取得了丰富经验。

对南水北调干线工程、配套工程等不同层次而言，其用水户是不同的。对干线公司而言，用水户主要是指沿线的省级政府。干线公司用水户即沿线省级政府的参与主要体现在参与投资、参与管理、参与协调、对工程运行管理予以支持和监督方面。用水户参与有利于形成“利益共享、风险共担”的机制，有利于调动各方面的积极性。用水户参与管理就是通过供水企业内部信息外部化、隐蔽信息公开化来增加信息透明度，引入广泛的参与，从而降低交易成本，有效实现调水目标，最终实现优化水资源配置，实现经济增长目标和社会环境目标。

13.4 典型国家调水工程运行成本控制经验对我国南水北调工程供水成本控制的启示

（1）合理设计管理结构和管理体制，加强水源与调水干线统一调度，这是实现调水工程目标和安全运营的有力保障。调水工程运营主体应企业化运营，应在调水工程管理机构、运营企业之间以及调水工程运营企业内部建立职能清晰、权责明确、运行规范的管理体制及成本控制体系。

（2）依法理顺政府、调水工程管理主体、调水工程运营主体、用水户之间的关系。建立完善的法律保障体系、依法治水是调水工程运营与管理获得成功的重要保障，应依法理顺政府、调水工程管理主体、调水工程运营主体、用水户之间的关系，明确利益相关方权利和义务的划分，降低交易成本。政府重在制定规则，依法监督检查执行状况。

（3）重视配套工程建设及设施的维修与更新。

（4）加强运行管理的信息化支撑，在实现稳定、安全供水的同时降低运营成本。

（5）政府实行必要的优惠扶持政策，降低财务成本。

（6）鼓励用水户参与成本监督管理。用水户参与管理，就是通过供水企业内部信息外部化、隐蔽信息公开化来增加信息透明度，从而降低交易成本，实现调水目标。

14 典型行业企业运行成本管理与控制经验借鉴

14.1 调水运营企业的成本管理与控制经验

14.1.1 通过提高管理水平发挥工程效益

工程建成后，最终要通过管理来发挥效益。对一个工程项目而言，工程设施只能建成一座工程，而通过先进的管理，可以使一座工程发挥几座工程的效益。配备高素质的管理人员，采用先进的管理措施与设备，注意管理问题的研究以及新技术、新方法的运用，都是提高工程管理水平的有效途径。配套工程的合理与完善以及自动化控制系统的建立是对跨流域调水工程实施现代化科学管理、实现工程最佳效益的重要前提，只有保持较高的管理水平，才能力求工程效益的最佳发挥。调水运营企业管理评价方法及内容包括以下几方面：

（1）成本效益分析。成本效益分析（cost benefit analysis，CBA），也称为费用效益分析、效益成本分析和效益费用分析，是通过比较项目的全部成本和效益来评估项目价值的一种方法。CBA 作为一种经济决策方法，在政府提供公共产品或服务决策项目时，经常用于定量评估这些项目的社会和生态效益的价值。成本效益分析源自对水利工程的评价，水利工程项目的成本效益分析，不论是独立研究还是政府的管理实践，在西方国家都是作为对政府投资的公共物品（服务或商品）来对待的。近 70 年来，CBA 不但在理论上逐渐成熟，在实践中也被世界各国广泛运用。随着社会经济的不断发展，政府对公用事业的投资规模越来越大，很多国家相继要求对政府投资于公用事业的需要进行成本效益分析。

2001 年，世界银行出版的由贝利和安德森等所著的《投资运营经济分析——分析方法与实际运用》一书，提出了包括定量风险分析在内的、适用于不同部门的 CBA 通用规则。阿尔德和泊斯认为，CBA 是实现公众社会福利最大化的标准决策程序，但信息不完全及社会公平因素也可导致 CBA 决策发生偏差。同时，随着环境经济学的进展，公用事业项目对环境和社会的影响在货币化评估方面也得到了快速发展，使从整个社会评价公用事业，进行成本效益分析又前进了一大步。

（2）水资源保护及评价。美国各州颁布的跨流域调水法令以及学术委员会推荐法令报告中都重点强调水资源保护及评价的有关内容，并制定了清单列表，作为各州颁布许可的评审标准之一。水资源保护及评价大致可分为以下几个方面：

第一，水源区评价。主要内容包括：水源区流量评价，特别是枯水期流量评价；水质情况评价；现状及未来水资源利用影响评价；对生态、环境、娱乐及美学的影响评价；应对紧急情况（如干旱）的有效性评价；返水方案可行性评价；地表水与地下水的联系及调水影响评价；州际用水影响评价。

第二，调水工程及受水区评价。主要包括：用水需求评价；调水的性质评价；调水影响评价（主要为收益评价）；申请人保障许可要求的能力评价；水资源节约与保护评价。

第三，调水限制条件。主要包括：调水不得对公众健康及福利产生不利影响；制定调水最大流量限额，如南卡罗来纳州要求调水量不得大于 7 天或 10 年最低流量的 5% 或每天 100 万加仑水量（以少者为准）；调水距离限制，如 JSC 推荐法令规定跨流域调水不得超过 2 个相邻的郡县；必须满足相应规范或标准体系的有关要求，如调水不得改变水等级标准体系规则；不得改变水源区水质标准；禁止新建不能满足清洁水计划中日最大承载能力的跨流域调水项目；当水源区流域河道流量小于州政府规定的最小流量标准时停止调水等。

14.1.2　广开收益渠道，提高效益

美国国家供水机构管理和水价政策都在政府的有效控制之内，不以营利为原则，但必须保证投资的回收、运行维护管理和更新改造所需开支的自理，这对我国调水工程的运行管理具有借鉴意义。

水费和综合经营是调水工程的主要收入来源。调水工程的供水口门均设有量水装置，水费按实际的供水量收取。水、电结合也是工程运行的长期方针。美国西部的调水工程需要抽水，而且扬程高、耗电多，是用电大户，于是自建火电厂供电，并尽量利用渠道跌水落差兴建小水电站，以回收一部分电能，之后逐渐扩大发电装置，增建抽水蓄能电站、热电站及核电站，除自己调水用电外，还向电网售电。同时还利用调水工程的有利条件，大力发展旅游事业和综合经营，取得了显著的经济效益和社会效益，使大多数调水工程的效益超过其投资。

14.1.3 通过合同供水实现调水运营管理

合同供水方式是目前调水运营管理的有效方式。现今很多国家在跨流域调水工程中普遍实行企业化管理，也就是成立调水有限责任公司，通过合同供水的方式实现调水运营管理。在调水工程开始兴建时，工程承建部门与用户签订供水合同，按合同供水，以明确供水公司之间以及供水公司和用水户之间的权利与义务，保证合同双方的利益。此外，通过合同供水的方式来实现调水运营管理，也有利于实现合理配置水资源的目标。

14.1.4 利用水价进行调节管理

各国普遍重视采用合理的水价机制保障调水工程的水权与水资源配置。水价成为各国调节调水需求的重要杠杆和经济手段，这既有利于调水工程的成本回收，也有利于促进节约用水。

14.1.5 对我国南水北调工程成本控制的启示

（1）我国的南水北调工程应着力提高现代化管理水平。管理水平的高低直接关系到调水工程的效益和运行。合理的管理体制、现代化的管理设施与设备以及管理人员的管理能力是影响调水工程正常运营的重要因素，要建立自动化控制系统，有效地进行用水控制和运行调度，随时掌握工程的运行状况。

（2）允许企业“以综合经营养水”提高效益。允许企业统筹考虑一些经济效益好的项目，如电力开发、旅游等，大力开展综合经营，用这些项目的经济收入补充调水收入的不足，做到“以综合经营养水”。这样不仅确保了南水北调工程的正常运行，能够按期偿还工程投资，还能实现工程自身的滚动发展，建立以工程为核心的区域经济发展的良性循环系统。

（3）合理运用经济杠杆进行管理调节。管理单位一般都是独立的经济实体，依法自主经营，自负盈亏，要支持企业利用水价、合同管理等经济手段进行管理调节。水价必须由政府进行宏观调控，在实际的运行调度中，也应结合市场需求、经济运行状况以及成本变化适时调整。在调水工程中，我国政府需要把宏观调控和市场的供需结合起来，制定合理的水价，利用水价调节水资源供需的平衡，在避免水资源浪费的同时保证管理企业的正常运行，建立合理的、能促进节约用水的、具有竞争性的水费征收与管理机制。

14.2　我国西气东输运营企业的成本管理与控制经验

中国石油西气东输管道（销售）公司（以下简称“西气东输管道公司”）是中国石油天然气股份有限公司直属的地区公司，负责西气东输管道工程建设、生产运营管理和天然气市场开发与销售等业务。对成本费用的管理和控制一直是西气东输管道公司财务管理的重中之重，也是有效确保公司取得一定经济效益的关键。西气东输管道公司针对公司成本构成的特点和运营管理需求，逐步形成了一整套行之有效的成本管控制度和实施办法，其主要的做法和经验如下。

14.2.1　加强成本管理基础工作

（1）根据公司预算管理办法、成本费用管理办法制定公司维护及修理费管理细则、管理性支出实施细则等管理规定。

（2）结合公司实际，建立各项费用预算限额和维修费定额，为核定分解成本费用预算指标提供依据。例如，将维护及修理费按照 9 大类细分为若干子项，作为定额项目，每一定额项目规定维修范围和内容，在规定的范围内制定维修定额。

（3）实行责任预算制度，加强成本控制。责任预算这种管理制度是保证成本费用控制的行之有效的管理制度，只有责任落实，才能保证执行，才能得到有效控制。

（4）结合公司自身的管理特点，制定符合公司实际需要的成本费用管理制度。根据公司业务的性质特点，对维护及修理费分为定额修理费、专业技术服务费（即专业化技术支持费用）、专项维修费三部分，并制定相应的管理细则，确保有效实施。

（5）注重科学决策，提高预算编制下达的科学性。例如，为确保管线安全，合理安排专项维修费用，从 2005 年开始，公司管道处等专业部门组织专家每年对管道的风险控制点进行排查分析，研究对策，并将他们提出的解决方案作为编制安排专项维修计划的直接依据，不但保证了维修费支出的科学性、合理性，更对确保管道安全、平稳运行起到了良好的保障作用。

14. 2. 2　加强成本费用发生过程控制

（1）各部门在签署合同前先落实相关成本费用预算，从根源上杜绝预算外支出。

（2）对费用支出严格把关，实施联合审查。联合费用审查体现了费用审查的公开透明，各部门共同参与，有效控制了成本。

（3）在费用开支方面，加强合同化管理。公司实行开放式管理，除日常经费开支，大部分运行专业维护、生产运行系统检查、检定，所有的大修理工程都委托给专业公司和施工队伍、设计、监理单位。在委托外单位服务时，要按照公司合同管理办法的规定签订服务合同。

（4）在成本费用核算方面，按照部门核算，按照生产运行的最小单元核算，尽可能提供详尽的成本核算资料。

（5）采取招投标制、竞争性谈判等方式控制、降低外委服务性支出。

（6）优化运行，加强能源消耗管理。随着管道输气量的逐步提升，压气站及压缩机组运行数量增多，管道耗能量与输气量呈非线性增长关系，管道耗气量及耗电量费用占总输气成本的比例越来越大，在达到 170

亿输气量情况下，管道自耗费用将占成本的50%左右。因此，对管道运行方案进行优化，可以大大降低输气成本。研究表明，优化的运行方案比通常的运行方案从成本上可以降低12%的运行费用。

（7）加强计划性维护和预防性维护，降低维修成本。对设备进行定期检修，对通信系统、自动化系统、压缩机运行等生产运行系统进行日常维护保养、春秋检，使生产设备和运行系统始终保持完好状态。

（8）针对西气东输管网，合理安排维修物资储备，减少仓储支出和调运支出，并确保安全生产所需。

14.2.3　制定相关领导绩效指标配套考核细则

为了把成本费用控制落到实处，西气东输管道公司制定了相关领导绩效指标配套考核细则，细则中明确了单位现金管输成本、部门成本及管理费用指标、5项费用指标的考核细则；明确了考核权重和考核分数，与领导绩效挂钩，加强各分管领导对成本管控的重视程度。

14.2.4　积极开展“开源节流、降本增效”活动

西气东输管道公司制定出台了关于深入推进全面开源节流、降本增效工作的实施方案，从15个方面、30条配套措施入手，提出公司开源节流、降本增效的具体措施，包括全面深化改革，进一步完善管理机制，向改革要效益；强化全面预算管理，增强预算的导向和价值引领作用，努力提高成本费用使用效益；精细生产运行管理，严控成本费用支出，坚持低成本发展策略；加强投资关键环节控制，优化投资模式，提高投资回报；优化物资管理，压缩采购成本，控制物资库存，强化资产轻量化管理等生产经营的各个方面。

（1）加强节能减排管理，持续开展节能降耗工作。能耗支出占公司现金成本的45%以上，有效控制能耗支出对降本增效具有重要意义，公司高度重视此项工作，从压缩机组运行、节能改造、日常节能节水管理等方面采取了一系列措施，取得了很好的成效。①深化管网运行分析，开展能耗趋势预测，制定科学合理的运行方案，有效降低能耗水平。②梳理优化电驱压气站基本容量费缴费模式，降低公司电费成本。③积

极利用国家直供电政策，降低电费支出。④加强自用气管理，有效控制管输损耗。加强关键进出站场及转供点计量设备设施的管控工作，特别是加强自耗气及注采气计量管理、临时计量和小流量计量额管理，同时在必要时启用备用路分输等管理措施，从各条管线到各输气站点处处严控输气损耗。⑤继续推广实施节能改造项目，如站场排污改造，加热器、加热炉等站场用能设备温度控制采集点改造等。⑥开展 RR 压缩机组喘振优化研究。

（2）精细化生产运行管理，严控成本费用支出。通过系统性分析，西气东输管道公司提出各相关部门和相关专业通过精细化管理的降本增效目标，并要求各部门制定具体措施，确保降本目标落到实处。同时，加强资金管理，提高使用效率，利用利率差降低财务费用支出，并积极跟踪研究财税政策。

14.2.5 对南水北调工程成本控制的启示

（1）正确认识成本控制的目标。成本控制的目标是合理安排和控制支出，而不是单纯的绝对降低支出。对长距离输水企业而言，最大的效益就是安全、质量，合理安排成本支出，必须在确保输水安全、平稳运行所需的基础上进行，否则就是最大的无效支出。对成本费用的管理和控制不是单纯地削减成本费用，而应该结合公司的发展情况，实事求是地通过科学合理的成本管理办法控制成本费用，确保资源配置最优。

（2）建立一套完整的成本控制体系，实行全过程成本控制。强化全面预算管理，实行责任预算制度，增强预算的导向和价值引领作用，努力提高成本费用使用效益。通过招投标制、竞争性谈判等多种方式，在委托服务采购中引入竞争机制，降低委托服务成本。

（3）增强成本管理的信息化支撑。目前，天然气管道建设普遍实现了 SCADA 系统、工业电视等系统的有效应用，实现了管道生产管理自动化检测、处理与控制。在南水北调工程成本控制方面，也应进一步加强与 ICT 技术的结合和应用，充分利用最新的物联网技术、云计算、大数据、空间地理信息集成技术，将财务系统与专业系统进行对接，建立智慧化的财务管控平台，为实现成本管控目标提供信息化支持。

14.3　我国铁路运营企业的成本管理与控制经验

14.3.1　高度集中统一式的管理

从新中国成立初期到现在，我国铁路采用的都是路局管理模式，即将铁路网按区域划归若干路局进行经营管理，实行铁路总公司、铁路局、铁路分局、站段四级管理。铁路总公司被视为一个完整的企业实体，同时也是国务院的一个职能部门，履行政企合一的职能，对各铁路局、铁路分局直至各个站段实行集中统一指挥（当然也有分级管理）。铁路局和铁路分局是企业法人，负责管内铁路建设和经营管理。路局管理模式的最大特点是高度集中统一式的管理，强调铁路运输高度集中、大联动机、半军事化的特点。

14.3.2　大力推进信息化建设

铁路信息化是铁路现代化的重要标志，也是实施铁路运营企业成本管理与控制、增强市场竞争能力的重要手段。我国铁路信息化的核心思路是把运输组织、客货营销、经营管理作为信息化的重点，带动其他方面的信息化，建设一个技术先进、功能可靠、保障有力的铁路信息系统。

经过30多年的发展，铁路信息系统从无到有、从小到大，从单机版本到多层次的网络应用，全路信息技术人员总数已达5500多人，拥有大、中小型计算机1600多台，微型计算机近10万台，建立了覆盖铁路总公司、铁路局和主要站段的计算机网络及传输网、交换网、数据通信网3大通信基础网，先后开发了以列车调度指挥系统、铁路运输管理信息系统、客票发售与预订系统为代表的一大批应用信息系统，铁路信息化建设取得了较大的成就。

信息技术以强大的支撑力和生命力，改变了铁路运营企业的生产组织和管理体制，提升了企业的经营管理水平。我国铁路的信息化覆盖了运输安全、运输组织、技术装备、客货营销、经营管理等各方面，它对各种生产要素起到了倍增和催化作用，带来了效率和质量的大幅度提升。

通过信息化，可以打破铁路的时空阻隔、距离阻隔、区域阻隔、系统阻隔、上下阻隔、工种阻隔、单位阻隔，使前方与后方一体、营销与运输一体、运输与保障一体、基点与网线一体，减少了运力配置的中间层次，更好地强化了运输统一指挥；有利于发挥了路网的整体功能，优化了运输组织，提高了运输效率。例如，由于计算机在管理中的广泛应用，企业不再需要将直接监督和书面报告作为沟通和控制的手段。管理人员只需要在计算机上操纵几个按键，便可了解生产现场、科室部门的工作和财务情况。管理信息系统（MIS）扩大了管理人员的"手"和"眼"，扩大了他们的"管理幅度"，使其能控制管理更多的人和物，电脑代替人执行部分监督工作已成为现实。这些都可以减少管理人数，减少组织层级，使组织扁平化。而扁平化的组织使企业的所有部门及人员更直接地面对市场，减少了决策与行动之间的延迟，加快了对市场和竞争动态变化的反应，从而使组织能力变得柔性化，反应更加灵敏，切实提升了整个铁路运输系统的成本管控水平。①

14.3.3 新技术、新设备、新工艺、新材料的不断使用

有效地采用新技术、新设备、新工艺和新材料来降低铁路运输企业的成本。在一定时期和一定技术水平条件下，加强管理可以降低成本，但降低幅度是有限的。铁路运输企业应充分利用现代科技成果，有效地采用新技术、新设备和新材料，依靠现代科技成果降低运输生产成本。如铁路运输企业使用的车号自动识别系统，不仅提高了货车统计的准确率，也大大地减少了对人员的需求和依赖，降低了人工成本支出。

近几年来，铁路总公司为适应社会经济发展的需要，在前期挖潜扩能的基础上，围绕铁路跨越式发展对铁路科技工作的要求，从运输生产的实际出发，进一步加大技术创新力度，以"高速、重载、信息化、安全控制技术"为主攻目标，各铁路运输企业积极组织开展科技攻关和技术创新，实现了一系列技术上的新突破。②

---

① 邵伟．浅谈当前我国铁路信息化建设现状及发展［J］．世界家苑，2013.

② 易恺．技术创新对我国铁路运输企业运营管理的影响与对策研究［D］．贵阳：贵州大学，2006.

14.3.4　全面预算管理

为提高铁路企业的管理水平，自2003年开始，铁路运营企业在全路逐步推进全面预算管理，目前以财务收入和支出预算为主要内容的全面预算管理工作已逐步展开，全面预算管理意识正逐步形成，有关制度和办法初步建立。而运输收入全面预算管理是铁路企业全面预算管理的重要组成部分，对进一步规范铁路运输收入管理、提高运输收入管理工作的质量和水平、大力提高生产效能具有积极意义

全面预算管理作为一种现代化的管理方法，适应了科学发展、持续发展的要求，在强化铁路企业运输收入管理、降低成本并提高企业效益等方面发挥了显著作用。

✻专栏：中铁快运济南分公司精细化成本管理方案[①]

2008年，为进一步加强经营管理、提高经济效益，中铁快运济南分公司提出了“三个十”的经营目标（即营业收入增长10%、列车行李车净载重达到10吨、成本费用降低10%）。为实现公司提出的经营目标，提高经营管理质量，分公司决定在成本管理方面通过内部挖掘扩大再生产，采取各项措施实施精细化管理，建立起持续改进、不断创新、科学改进、切实可行的精细化成本管理机制，努力将成本管理提升到一个新的水平。

济南分公司精细化管理的方案是全面预算，过程管理；以收定支，动态控制；纵横结合，落实责任；突出重点，注重细节。深化全面预算管理，将全部支出都纳入预算管理，严格落实预算管理责任，强化预算管理的纪律约束，加强预算执行情况考核，严禁无预算支出；建立各营业部以运输收入及生产指标完成情况为基础的财务收益清算体系，分公司通过认真测算，确定各营业部挂钩指标及清算单价，各营业部以挂钩指标完成工作量清算作为成本有权支出，按照“以支定收，总量控制，收支弹挂”的原则控制成本支出；将公司下达的成本预算纵向层层分解

① 张旭．精细化管理在铁路快运企业成本管理中的运用［D］．北京：北京交通大学，2008.

落实到各营业部，最终分解至各班组、岗位和个人，横向落实到各责任部门，建立起纵向到底、横向到边、权责分明、职责明确、管理科学的目标管理责任体系，从纵向和横向两方面完善成本责任对象的考核监督，确保目标成本的正常运行；加强对成本大项的精细管理，分公司财务部门、各业务部门共同参与对车辆油耗及维修、公路运输、装卸费用、煤水电消耗、包装材料等大项支出，制定科学合理的支出定额，建立基础台账，实行定额管理，严格控制，努力实现成本大项的可控减支。

14.3.5 成本的制度化管理

为了适应社会主义市场经济发展的需要，规范和指导铁路运输、工业、施工企业的成本费用管理工作，根据财政部制定的运输、工业、施工企业财务制度，结合铁路运营企业的实际情况，制定了《铁路运输企业成本费用管理核算规程》《铁路工业企业成本费用管理办法》《铁路施工企业成本费用管理办法》，自 1993 年 7 月 1 日开始执行。铁路运输成本费用管理是企业经营管理的重要组成部分，其基本任务是保证简单再生产所必需的资金，精打细算，降低消耗，通过成本费用预测、计划、核算、计算、控制、分析和考核，挖掘潜力，提高效益，为企业的经营决策提供可靠信息。铁路运输企业实行成本费用管理责任制，在成本管理中要执行国家相关方针政策法规，遵守财经纪律。铁路运输企业生产经营过程中的各种耗费按其经济用途和性质划分为营运成本、管理费用和财务费用。

14.3.6 对南水北调工程运营成本控制的启示

（1）中、东线分离，各线统一运营。南水北调工程是属于大型固定资产投资的水利工程，工程的统一经营能降低单位产出所分摊的固定成本。工程沿途经过诸多省份和地区，这些地区利益各异，工程全线统一运营，可以降低交易成本。

（2）强化南水北调运营企业的成本预算管理。对南水北调运营企业的成本预算管理，首先应对其成本支出内容进行细致的分析，并按照成本分析报表编制完善的运营企业预算管理计划。其次，应按照成本预算管理计划制定成本预算指标，将成本预算控制管理工作细化、量化，并将预算管理任务分解到企业的不同管理部门。最后，应针对运营企业的成本预算计划执行情况进行动态分析与信息反馈，通过增强预算的执行力，确保成本预算计划得到有效的落实。通过全面预算管理，确保南水北调运营企业成本控制管理按照相应的规划有序实施。①

（3）提高主要领导者的成本意识是成本管理的关键。企业的主要领导者是经营管理工作的决策者，他们对成本管理的认知程度决定了其管理工作的好坏。领导者首先要认识到全面强化成本管理的必要性。②

（4）加强成本管控信息化建设。信息化管理手段是现代企业管理工作的重要手段之一。南水北调运营企业由于覆盖范围广、泵站多、河道长等特点，尤其需要借助信息化管理手段来提升其管理效果。因此，南水北调运营企业需要加强信息化管理建设力度，如建立各泵站、闸、抽水站、水库、口门的信息收集终端，为企业量身制定成本管控及财务管理等相关软件，充分实现成本管控、信息采集、自动化核算、全面考核，切实提升企业成本管控工作的水平。③

（5）建立科学、合理、健全的成本管理制度。成本管理制度是企业全体员工共同遵守的规程或行为准则。

（6）建立目标成本管理体系。现代企业成本管理模式主要有标准成本管理、目标成本管理、作业成本管理、战略成本管理等模式。考虑到南水北调运营企业重资产比例较大的特点，以及借鉴中铁快运济南分公司的成功经验，南水北调运营企业可以采用目标成本管理模式。

（7）实施精细化成本管理。精细化成本管理即运用精细化管理思想指导成本管理工作，使成本管理精细化。精细化成本管理扩大了成本管理的内涵，是各种成本概念（如战略成本、作业成本、质量成本等）的综合运用。它是一种全员参与的、全方位性的、对企业经营全过程进行控制的成本管理思想。

---

① 蒲旭章．浅论新时期铁路运输企业的成本控制管理［J］．财经界：学术版，2014（19）：90－90.

② 张翠珍．浅谈铁路运输企业的成本管理与控制［J］．中小企业管理与科技旬刊，2011（19）：112－113.

③ 尹皎．铁路运输企业成本控制措施探讨［J］．中国总会计师，2013（5）：99－100.

14.4 我国高速公路运营企业的成本管理与控制经验

成本是为达到一定目的而付出或应付出资源的价值牺牲，它可以用货币单位来计量。《高速公路公司财务管理办法》规定，高速公司运营公司在高速公路通行期间发生的与高速公路运营有关的支出计入运营成本。高速公路运营企业的成本按照内容进行分类，包括养护成本、征收成本、路政成本、路产折旧及无形资产摊销、营业税金及附加以及期间费用（图 14.1）。

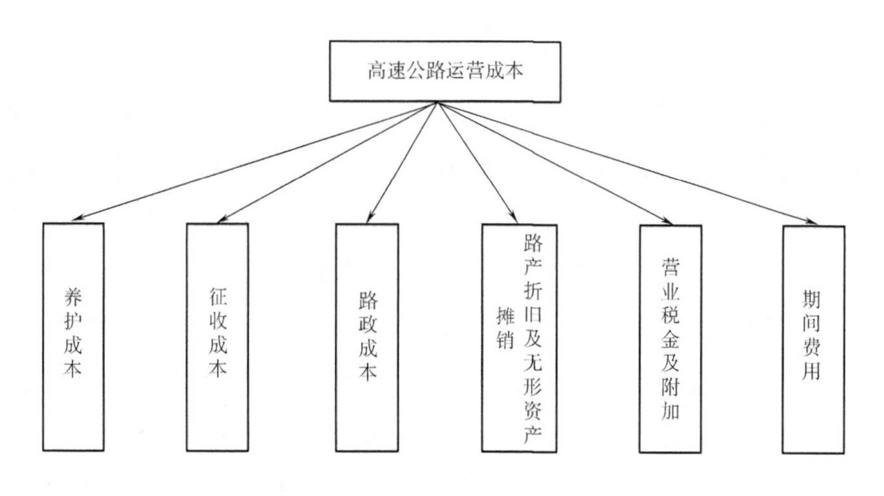

图 14.1 高速公路运营成本构成

养护成本一般根据业务内容开设以下明细科目：日常养护和大中修、公路灾害预防及抢修成本、安全和通信及监控设施的维护成本、公路绿化成本、养护人员的工资、福利费等。征收成本一般根据业务内容开设以下明细科目：收费员基本工资、福利费、设施设备折旧费、维修费用、耗材费用（汽柴油、墨盒、空白票据等）。路政成本一般根据业务内容开设以下明细科目：路政人员工资、福利费用、路政设施折旧、维护费等。路产折旧及无形资产摊销包括沿线公路设施折旧摊销，如围栏、摄像头、监控系统、经营权摊销。高速公路运营期间费用包括管理费用和财务费用，管理费用包括公司管理过程中发生的办公业务经费、招待费、差旅费等；财务费用包括筹资的利息支出、利息收入、汇兑损益。

14.4.1　企业化经营，增强成本管理意识

传统上，不少高速公路运营企业的员工缺乏成本观念，认为成本管理不像别的企业那么重要，成本高低对员工的利益影响不大。随着我国交通体制改革的深入，高速公路管理已经实行企业管理，企业经济效益的高低与员工的收入挂钩。在此背景下，从领导到员工，都必须转变旧的观念意识，树立新的市场观、成本观和效益观，高度重视成本管理，努力挖潜降耗。

14.4.2　实行全面成本管理，有效降低成本

实行全面成本管理，从管理的范围来说，包括时间上的全面成本管理和空间上的全面成本管理。前者就是对影响成本的全过程进行管理。高速公路运营企业不仅对公路养护成本形成的全过程进行管理，而且要对征收、清障、经警询查管理等成本形成的全过程进行管理，同时还在养护工程设计阶段就对工程项目的预算、专用设备购建等方面进行成本管理。成本管理人员全面参与对工程成本的预测、成本分析和技术决策。只有在设计阶段就预测成本，从技术上挖掘降低成本的潜力，才能更好地降低成本。在购建设施成本管理上，除考虑购置成本外，还应把整个使用期内有关的使用、维修、保养等全部支出考虑进去，权衡成本的大小，选择最优方案，做出购置决策，形成全过程的成本管理。

14.4.3　做好成本预测分析，提高计划成本水平

成本预测是根据成本与各种技术经济因素的依存关系，结合发展前景及采取的各种措施，利用一定的科学方法，对未来成本水平及其趋势做出科学的估计。成本预测是成本管理工作的一个重要环节，通过成本预测，掌握了未来的成本水平及其变动趋势，有助于把经营管理中的未知因素转变为已知因素，帮助经营管理者提高自觉性，减少盲目性，从而不断提高成本管理水平，同时使经营管理者易于选择最优方案，做出合理组织经营和提高经济效益的正确决策。

14.4.4　加强成本控制，实现成本目标

成本控制旨在成本形成过程中，及时发现偏差，采取措施，克服经营过程中的损失浪费现象，使经营过程中的各种耗费被控制在规定的范围内，总结和推广节约耗费的先进经验，改进控制措施，降低成本，以保证实现成本目标。①正确制定目标成本。通过成本预测分析制定总目标成本，并将总目标成本分解成各部门、各环节的成本、费用定额指标。②建立目标成本责任制。责任归口分级控制，包括划分责任层次，确定成本中心，明确职责和权限，落实责任成本指标，建立完整的责任成本记录、计算、报告和奖惩制度。③制定成本控制制度。制定适合高速公路特点的成本控制制度，有效约束成本开支，预防偏差和减少浪费。例如：制定养护工程成本管理制度；材料及构件定额管理制度；征收、监控、通信设施设备利用和管理制度；清障、经警巡逻、养护车辆使用及保养成本管理制度；固定资产使用管理制度；劳动定员定额管理制度；物资领用保管制度；工程招投标及预结算审批管理制度；各项成本开支审批责任制度等。在制定成本控制制度时，要注意制度的可操作性，以便有效执行，最终实现成本目标。

14.4.5　管养分离，养路不养人，有效降低养护成本

高速公路管理单位以业主的形式对高速公路实施养护管理，具体的施工、维修以及养护工作以购买服务的形式交由专业化、市场化的养护公司承担。管理方与施工方不再是上下隶属关系，而是各司其职、各尽其能，不仅避免了养路又养人的弊端，还有效提高了高速公路人员的工作效率。专业化的养护公司运用先进的技术实施预防为主、防治结合的预防性养护模式，大大提高了全寿命周期的养护水平，高速公路使用寿命以及相关设备的使用寿命得到延长，控制养护成本的同时也提高了养护水平。

14.4.6　大力发展辅业，多元化经营，对主业进行补贴

（1）大力发展服务区产业。针对车、货以及人的需求在服务区开展

相关经营，科学合理地使用高速公路的资源，将价值链的利益不断放大，带动高速公路运营企业的发展。

（2）做大做强高速公路广告产业。高速公路运营企业积极向资源化转型，借助得天独厚的资源优势，不断进行市场扩张。积极营造有自身鲜明特色的品牌服务，以品牌服务为指导，打造媒体效应，不断提高高速公路的广告水平。

14.4.7　对南水北调工程运营成本控制的启示

（1）精简机构，统一协调成本控制。高速公路运营企业通过集团化实现了管理一体化，使成本管理工作能够开展得更加高效有序。南水北调工程规模较大，组织结构较复杂，所以精简机构、简化管理程序，变两级项目管理为一级项目管理，可以节省管理费用开支。南水北调运营企业可以考虑设置成本管理办公室，包括成本核算部、财务部、物资采购部、设备管理部、劳务管理部等，使成本管理工作做到统一、协调、高效，实现成本控制贯穿于生产经营的全过程。

（2）合理激励约束，强化成本控制理念。高速公路运营企业制定了明确的管理规范，在明确责任成本的前提下实行奖惩制度，使真正降低了成本的单位和个人得到了实实在在的利益。南水北调工程运行过程中可以建立合理的奖惩制度，使降低成本的直接效果在各个环节上显现出来，使下属单位和职工切实感受到降低成本的实际效果和意义，无形中树立了节俭光荣、浪费可耻的责任意识，使成本控制不再是一个单纯的管理问题。

（3）加速“政企分开”，建立现代企业成本管理制度。高速公路的经营和管理大多已经实现了企业化，在市场经济环境中适应成长，有效提高了高速公路运营管理主体的能动性和创造性。南水北调工程的运营也应该全面采用政企分开的模式，最大限度地减少政府对供水企业的干预，并且减轻企业为政府承担的额外供水成本。同时，在工程维护等环节，通过购买服务等方式，引入竞争机制，通过供应商之间的竞争，有效降低工程维护成本。

14.5 典型行业企业成本控制经验对南水北调工程供水成本控制的启示

（1）建立科学、合理、健全的成本管理制度，建立目标成本管理体系，实行全过程成本控制。强化全面预算管理，实行责任预算制度，强化南水北调运营企业的成本预算管理，增强预算的价值导向和价值引领作用，努力提高成本费用使用效益。通过招投标制、竞争性谈判等多种方式，在委托服务采购中引入竞争机制，降低委托服务成本。

（2）建立自动化控制系统，增强成本管理的信息化支撑，着力提高现代化管理水平。在成本管控上，应充分利用最新的物联网技术、云计算、大数据、空间地理信息集成技术，将财务系统与专业系统进行对接，建立智慧化的财务管控平台，为实现成本管控目标提供强大的信息化支持。

（3）允许调水企业“以综合经营养水”提高效益。

（4）实施精细化成本管理。

（5）合理激励约束，强化成本控制理念。

15 南水北调工程运行初期供水成本控制的目标、思路和原则

15.1 南水北调工程运行初期供水成本控制的目标

15.1.1 总体目标

在南水北调工程安全稳定运行的前提下，充分发挥市场机制的引导作用，建立完善的成本控制体制机制，健全南水北调受水区供水价格体系，完善水费征收与管理机制，引导南水北调工程运营主体优化内部控制体系，明确成本控制的职责和权限，建立成本控制的激励性机制，以业务流程优化、全面预算管理实现战术性成本控制，以市场化、专业化、智能化重大改革创新改变成本发生的基础条件，实现战略性成本控制，重塑南水北调工程价值链，优化水资源的配置，实现南水北调工程安全、高效、规范运行，最大化南水北调工程的经济、社会、生态效益。

15.1.2 阶段目标

（1）近期目标（2017—2022）。南水北调工程运行成本得到有效控制。建立比较规范的成本控制体制机制、内部控制体系和成本控制的激励性机制，以标杆管理和绩效评估等手段推进业务流程优化、全面预算控制和信息化管理，对经济活动开展控制、分析、监督和考评，阶段性实现南水北调工程战术性成本控制。以市场化、专业化、智能化改革创新改变成本发生的基础条件，初步实现南水北调工程战略性成本控制。进一步推进管养分离，推广设备状态检测的专家预防性审查，维修定额标准得到完善；科学聘用、配置人力资源，降低人均成本取得初步效果；完善试点利用峰谷电价和直购电政策，降低综合电价取得初步效果，实

现南水北调工程良好运行。

（2）远期目标（2023—2028）。南水北调工程运行成本动态控制机制更加完善，成本控制效果显著。建立比较完善的成本控制体制机制、内部控制体系和成本控制的激励性机制，业务流程优化、全面预算控制和信息化管理比较完善，较好地实现南水北调工程战术性成本控制。以市场化、专业化、智能化重大改革创新改变成本发生的基础条件，基本实现南水北调工程战略性成本控制，重塑南水北调工程价值链。完善推进管养分离，推广设备状态检测的专家预防性审查，合理控制维护成本取得较好效果；科学聘用、配置人力资源，降低人均成本取得较好效果；完善利用峰谷电价和直购电政策，降低综合电价取得较好效果。随着南水北调配套供水工程的建成与完善，南水北调水成为受水区生产生活用水的重要水源，实现南水北调工程安全、高效、规范运行，最大化南水北调工程的经济、社会、生态效益。

15.2 南水北调工程运行初期供水成本控制的基本思路和基本原则

15.2.1 南水北调工程运行初期成本控制的基本思路

推进工作思维从建设期向运行期转变，健全制度规范，优化工作流程，推进预算管理，加强技术创新，实施供给侧结构性改革，创新成本控制体制机制，完善风险控制机制、质量标准体系和智能监管体系，取消和防止无效支出和不合理支出，合理节约管理费用和酌量性固定成本，保障合理支出随物价和实际需求动态调整。坚持综合开发，最大限度地发挥南水北调工程的经济、社会效益。建立健全现代企业制度，充分利用市场机制，探索引入社会资本，降低财务费用，挖掘潜在经济效益。从局部治理向系统治理转变，分类实施成本控制。

（1）人员工资福利费。按照岗位职责科学聘用、配置人力资源，形成合理的高低共生的梯次人才体系，防止人才错配和学历高消费；推进管养分离，积极探索实践专业化和市场化相结合的管养模式，将非核心业务承包给外部市场化机构，控制人均成本；推进绩效评价与薪酬激励相对挂钩，建立健全定员定额控制。

（2）工程维护费。根据工程运行期工程维护实践的要求，认真调查、科学完善维修养护定额，建立健全工程维修养护规范，规范日常维修养护，以合理支出保障工程安全、高效、规范运行；推广设备状态检测的专家预防性审查，加强计划性维护和预防性维护，减少大修频次，控制维修成本。

（3）抽水电费。充分研究利用峰谷电价和直购电政策，及时总结推广试点经验，降低综合电价，挖掘调水运行动力支出成本控制空间。

（4）工程管理费。精简管理机构和程序，优化工作流程，完善质量标准化，推进预算管理，加强过程控制，合理控制工程管理支出。

（5）还本付息支出。科学掌握与平衡资金管理的成本、风险、效率，合理调整贷款结构，用短期贷款置换长期贷款；积极与银行沟通，开展票据结算业务，和现金搭配归还一部分货款；充分利用民生工程的公益性特征，争取政策支持和合理展期还款等。

15.2.2　南水北调工程运行初期成本控制的基本原则

15.2.2.1　科学管理，流程优化

业务流程是科学管理和成本控制的主渠道。南水北调工程运行单位各职能部门从事的招标投标、合同管理、采购、劳动用工、资金管理等活动都与成本控制息息相关，存在相关成本风险。要有针对性地制定相应的控制措施，优化业务流设计，规范调水工程运行管理各环节中成本控制的工作流程，预防、规避可能存在的成本风险，促进内部控制流程与信息系统的有机结合，实现对业务和事项的自动控制，减少或消除人为操纵因素。

15.2.2.2　全面预算，过程管理

全面预算是全方位、全过程、全员参与编制与实施的预算管理模式，是指南水北调工程运行单位对年度经营活动、投资活动、财务活动等做出的预算安排。全面预算管理包括全面预算的编制、审批、执行、控制、调整、考核及监督等工作。全面预算管理的基本任务是根据企业经营目

标，明确预算管理的职责和权限，合理配置经济资源，对经济活动开展控制、分析、监督和考评，实现安全、高效、规范管理。

15.2.2.3　规范运作，防范风险

南水北调工程运行单位应当健全治理结构，完善机构设置及权责分配，在兼顾运营效率的基础上相互制约、相互监督，增强高级管理人员和员工的法制观念，严格依法决策、依法办事、依法监督，及时识别、系统分析经营活动中与实现成本控制目标相关的风险，合理确定风险应对策略。

15.2.2.4　目标控制，严格考核

根据政策法规、年度计划、预算方案、协议、定额、定率、业绩评价等标准制定目标成本，实行严格考核目标成本与激励机制相结合，建立体现绩效导向、奖罚分明的分配机制。

15.2.2.5　价值引领，改革攻坚

在确保南水北调工程安全稳定运行的前提下，借鉴先进经验，多目标开发利用，充分发挥南水北调工程的综合效益，重构调水工程运行生态，重塑南水北调工程价值链。坚持管养分离，推进供给侧结构性改革，以市场化、专业化、智能化重大改革创新改变成本发生的基础条件，促进产业转型升级。

16 南水北调工程运行初期供水成本控制的主要举措

对长距离调水企业而言，最大的效益就是安全和质量，合理安排成本支出，必须在确保调水工程安全、平稳运行的基础上进行。当前，我国应结合南水北调工程运行初期的实际情况，针对成本控制的薄弱环节，树立适应南水北调工程运行初期供水成本控制的理念，着力深化南水北调工程运行与管理的体制机制，建立科学合理的成本控制体系，建立完善的企业内部管理制度。

16.1 树立适应南水北调工程运行初期供水成本控制的理念

16.1.1 推进工作理念从建设期向运行期转变

建设期工作理念对保证南水北调水利工程的建设管理质量和北方水资源的及时供给、促进农业的发展起到了重要的作用，但随着南水北调工程从建设期向运行期转变，原有的工作理念已不能适应实践的要求。运行期工作理念要求关注工程安全、稳定的运行，要求关注企业现金流，要求关注现代企业治理，这些方面均与南水北调运营企业的生存和发展息息相关。因此，应按照运行期工程管理的规律和成本控制的要求健全制度规范，优化工作流程，推进预算管理，加强技术创新，促进成本控制固化于制、内化于心、外化于行。例如，全面预算管理的重要基础是定额管理，当前必须摒弃建设期的传统工作理念，认真调查摸底，科学确定预算定额，确保实现预算控制的目标。

16.1.2 推进工作理念从事业单位思维向现代企业思维转变

人是最活跃的生产力，树立适应南水北调工程运行初期成本控制的理念，必须弘扬南水北调运营企业的主人翁精神，坚决摒弃事业单位思维和等靠要思维。实践证明，同属调水工程运营企业，甚至同属南水北调工程运营企业，运行绩效迥异，与干部、员工的工作理念和思维方式息息相关。部分面向市场开拓创新的运营企业在开源节流方面同样表现突出，它们针对南水北调工程运行期维修养护业务高企的特点，着力加强维修检测中心能力建设，充分利用大型泵站建设和运行维护技术优势，构建工程技术服务平台，在不断提升自我服务能力的同时，加强了企业对外服务的竞争力。更有规范治理的调水运营企业，在资本推动下充分利用优质资产和核心竞争力跨地区扩张业务，为企业带来了可观利润。

16.2　深化南水北调工程运行与管理的体制机制改革

16.2.1　试点推广行业标杆运行管理机制

不断吸收借鉴调水标杆企业的经验，提高南水北调工程的运营水平和可持续利用性。

（1）推广设备状态检测的专家预防性审查。江苏水源公司采用设备状态检测的专家预防性审查对主机组状况进行关键技术指标评估，每年可节约大修经费约 100 万元。西气东输管道公司创新维修养护方式，为确保管线安全，合理安排专项维修费用，从 2005 年开始，公司管道处等专业部门组织专家每年对管道的风险控制点进行排查分析，研究对策，并将专家提出的解决方案作为编制安排专项维修计划的直接依据，不但保证了维修费支出的科学性、合理性，更对确保管道安全、平稳运行起到了良好的保障作用。

（2）研究利用峰谷电价和直购电政策降低综合电价。广东粤港供水公司通过峰谷电经济运行所节约的电费比重占 1/3 以上。又如，美国西部的调水工程除自己调水用电外，还利用峰谷电价，创造条件发电并向电网销售，取得了显著的经济效益和社会效益。我们建议，可适时总结推广江苏水源公司直购电试点经验。

（3）完善推进管养分离。江苏水源公司和中线建管局积极探索实践专业化和市场化相结合的管养模式，将非核心业务承包给外部市场化机构，效果初步显现，可在调研基础上继续完善推进。

（4）鼓励用水户参与成本监督管理。世界银行等国际组织倡导组建用水户协会，鼓励用水户参与成本监督管理。用水户参与管理，就是通过供水企业内部信息外部化、隐蔽信息公开化来增加信息透明度，引入广泛的参与，从而降低交易成本，有效实现调水目标，最终优化水资源配置，实现经济增长目标和社会环境目标。对南水北调干线工程而言，干线公司用水户即沿线省级政府的参与主要体现在参与投资、参与管理、参与协调方面，对工程运行管理予以支持和监督。用水户参与有利于形成“利益共享、风险共担”的机制，有利于调动各方的积极性。

（5）积极推进安全管理目标由“零事故”管理向“零风险”管理方向转变。重大质量安全事故是成本控制的重要风险，借鉴 OECD 安全监管的最新趋势，从局部治理向系统治理转变，建立健全风险评估、预警研判和排查化解机制，积极推进安全管理目标由“零事故”管理向“零风险”管理方向转变。推进质量安全监管规范进一步完善，质量安全管理体系不断完善，风险管控能力显著增强，实现质量安全文化“愿景引领、目标激励、过程管控、落地实施”。

（6）推进供水与治水相结合，多渠道探索以综合经营养水。美国加州调水工程利用调水工程的有利条件，大力发展旅游事业和综合经营（如防洪、发电、改善水质、休闲娱乐、改善生态环境等），取得了显著的经济效益和社会效益。“以综合经营养水”不仅确保了南水北调工程的正常运行，按期偿还工程投资，还能实现工程自身的滚动发展，建立以工程为核心的区域经济发展良性循环系统。

16.2.2 推进智能化和信息化的建设和升级改造

生产经营的自动化、运营管理的智能化和信息化，对提高跨流域调水工程科学管理、优化流程、控制成本意义重大。在南水北调工程管理和运行中，应强化数据管理应用意识，注重数据的整理和挖掘，以智能化和信息化控制成本，提高大数据深度应用和预测的价值性。建立信息共享和协调机制，解决信息的处理和流转只局限于本部门的现象。以信息化建设为手段，建立并完善应用型智能化服务系统、配套服务设施、项目信息采集库、主要应用体系，确保工程效益可以得到充分发挥，降低了工程运行的管理成本。

16.2.3　外包专业业务和辅助业务，聚焦主营业务

立足工程管养分离，积极探索实践专业化和市场化相结合的管养模式。与建立供水工程专门的养护维护服务队伍和组织相比，将非核心业务承包给外部市场化机构，委托给专业的、资质水平较高的服务机构和人员，有利于节省和控制预算成本、机构运营管理成本，并且获得高质、高效的技术服务。南水北调工程运行单位将专业性较强的工程任务和养护维修业务（如机电、水工设施、绿化等）外包给专业的机构和单位，可以有效地节省人工成本和养护成本。集中精力和资金抓好主业，这有助于供水企业做大和做强。

在进行外包业务的过程中，需因地制宜，区别对待：一是在不同投资背景、不同供水模式下，供水工程因不同管理需求和考虑因素（经济因素/政策因素等），外包的业务类型不同，采取的业务外包模式也不同。二是在业务外包的不同阶段，选择不同性质的外部承包商，与外部承包商的合作关系、紧密程度不同，对外包商的管理方式和考核方式也不尽相同。三是在不同业务外包模式下，企业管理能力有大小，面临和承担的风险与问题，以及采取的解决措施也不尽相同。

16.2.4　建立有效的激励机制

以目标管理为核心，以物质激励为基础，以精神激励为动力，以约束机制为保障的良好激励机制，对南水北调工程的良好运行是极其重要的。建立有效的考核机制，奖惩并重，将个人的收入与企业的效益挂钩，提高员工的工作积极性和责任心。当前南水北调工程面临着新时代带来的机遇与挑战，只有坚持走可持续发展的道路，加快水利现代化建设的步伐，才能取得更大的发展。

南水北调工程现代化建设包括组织框架建设管理的现代化，必须解放思想，更新观念，引进现代管理理论和手段，把激励机制有机地融入

水利行业的管理中，探索出一条适合我国实际的南水北调工程建设管理模式。

16.2.5　依法理顺政府、调水工程运营主体、用水户之间的关系

一是加强立法，明确权利和义务划分，理顺政府、调水工程运营主体、用水户等利益相关方之间的关系。中央政府对调水工程的监管职责重在制定法律法规，依法监督检查执行状况。一方面，给定水价，影响南水北调工程运行初期供水成本最直接的因素是用水量，用水量越大，单位成本越低；另一方面，我国北方地区地下水超采严重，潜在危害较大，地方政府应明确利害，提高站位，协调用水户增加用水量，及时足额缴纳水费。二是合理设计管理结构和体制。在调水工程管理机构、运营企业之间以及调水工程运营企业内部建立职能清晰、权责明确、运行规范的管理体制及成本控制体系，降低交易成本。

16.2.6　改革南水北调工程运行组织管理方式

按照完善社会主义市场经济体制的总体要求，立足全局、着眼长远、统筹规划、分步实施，建立健全权责统一的现代企业制度，探索实施南水北调沿线收益共享、成本共担、激励相容的运行组织管理方式，这是社会进步和供水事业发展的必然选择，也是提高供水效能、降低供水成本，实现水资产保值、增值的重要途径。探索建立中央为集团公司，地方为子公司或参股公司的组织管理模式。一是根据各线工程的特点，建立产权明晰、权责明确、政企分开、管理科学的现代企业制度，各线供水公司由中央投资和参股，实行企业化经营管理。二是把运营管理责任和权利下放到供水企业，从成本控制转向成本分担，通过有效的考核制度提高管理经营的效能，从根本上解决体制不顺、机制不协调等问题，有效盘活资产，扭亏为盈。

我国南水北调工程投资结构的多元化客观上要求调水工程按照现代企业制度运作，这种运作方式有利于所有权和经营权的分离，有利于提高企业和资本的运作效率，有利于形成“利益共享、风险共担”的机制。2016年以来，国务院及相关部委大力推进债转股，条件许可后，企业债

转股将大大减轻还本付息的压力，降低企业的财务费用，释放企业发展的更大动力。南水北调工程实行资本金制度，由于水商品的特殊性和准市场的特点，国家投入的资本金在本质上属于政策性投资，为了最大限度地发挥工程效益，要求南水北调工程按照规范的现代企业制度进行管理。东深供水的经验表明，规范的现代企业制度运营会让企业在技术创新、开拓市场、强化服务、成本控制等方面更有活力、更有动力。南水北调一期工程竣工验收后，可考虑引入社会资本、直接融资等方式增强运营能力。

16.3　建立科学、合理的供水成本控制体系

16.3.1　建立科学、合理、健全的成本管理制度

成本管理制度是企业全体员工共同遵守的规程或行为准则。成本的制度化管理是将先进的成本管理思想、方式和方法等进行完善提升，使之制度化、规范化，转换成为有章可循的、规范的、可操作的成本经营管理方法和模式，并据此规定和下达任务，指导公司的经营活动，用奖惩等激励机制来保证任务的完成。这是泰勒科学管理的三部曲，其核心是工作任务的标准化、规范化、制度化。

南水北调运营企业应结合企业自身的实际情况，建立科学、合理、健全的成本管理制度，才能得到员工的理解、支持和贯彻执行。

16.3.2　优化目标成本管理体系

现代企业成本管理模式主要有标准成本管理、目标成本管理、作业成本管理、战略成本管理等模式。考虑到南水北调运营企业重资产比例较大的特点，以及借鉴中铁快运济南分公司的成功经验，南水北调运营企业应该采用目标成本管理模式。

（1）预测成本费用、设置成本目标。企业财务和预算管理部门应当根据企业历史成本费用数据、同行业同类型企业的有关成本费用资料、料工费价格变动趋势，人力、物力的资源状况，以及供水情况等，运用

本量利分析、投入产出分析、变动成本计算和定量、定性分析等专门方法，对企业次年的成本费用水平进行预测。根据各部门财务核算的历史成本资料和当年生产经营的实际情况，全面、细致地分析各项成本动因，并通过动因与成本发生之间的关系制定科学合理的各单位、各部门的年度成本目标，营造经营压力均衡、经济利益公平的内部经营环境，避免因目标成本过低或过高造成的管理低效或无效管理现象。

（2）构建清晰的成本责任体系，加强对成本费用的控制管理。企业应当根据成本费用预测决策形成的成本目标，建立成本费用预算制度。编制成本费用预算，将公司的成本费用目标具体化，加强对成本费用的控制管理。将公司下达的成本预算纵向层层分解落实，最终分解至各部门、岗位和个人，建立纵向到底、横向到边、贯穿始终的全员、全方位、全过程的三维精细目标成本管理模式，按照"谁主管、谁负责、谁受益、谁负担"的原则，完善成本责任对象的考核监督，确保目标成本的正常运行。

（3）强化成本核算分析，建立公正的成本考核体系。建立成本分析制度，定期召开成本分析会，做到月初有计划，月中有跟踪，月末有分析，检查成本费用预算完成情况，分析产生差异的原因，寻求降低成本费用的途径和方法。实时监控成本费用的支出情况，发现问题应及时上报公司领导及上级部门。在内部经营责任制的考核中，突出成本考核指标，找出执行差异、评出优劣，使成本控制真正做到有目标、有措施、有考核、有奖惩，充分调动广大员工参加目标成本管理的积极性。

16.3.3　卡住成本控制的风险点位

南水北调运营企业应重点卡住以下成本控制的风险点位。

（1）资金预算编制不准确，融资计划执行不力，未严格执行资金预算，导致资金闲置、融资成本增加，或资金紧张甚至断裂。

（2）合同条款不清晰，责任不明确，导致合同执行困难甚至出现纠纷。

（3）合同执行不力，合同预付款、甲供材料款未及时扣回，导致超付款。

（4）工程变更、现场签证、零星工程不能及时结算，影响投资控制，增加投资变动风险。

（5）招标文件、合同条款、工程结算书等对工程实物资产明细要求不明确，导致决算时不能形成清晰的房屋建筑物和设备明细资产。

（6）物资管理混乱，不能及时办理物资出、入库手续；工程材料、备品备件、工器具等物资流失；工程库存物资未定期清查盘点，账实不符；竣工决算时工程物资未清理移交生产；物资代保管单位未按要求履行代保管职责；随机及自行采购的备品备件在投入生产后长期闲置不用，甚至报废。

（7）运行单位管理费、前期费用、采购保管费、生产准备费大幅超出设计概算、执行概算和年度预算。

（8）预留尾工工程长期不实施，或预留工程与实施工程不一致，导致资产不实、基建与生产串项。

（9）预转固定资产价值不准确，高估或低估资产，或未按集团公司固定资产目录分类或分类不准确，导致多提或少提折旧，影响会计利润的真实性。

一旦识别出上述成本控制的风险点位，必须有针对性地制定相应的控制措施，完善相关的管理制度，优化工作流程，预防、规避可能存在的成本风险。

16.3.4　推广全面预算管理

美国著名管理学家戴维·奥利（David Otley）指出，全面预算管理是为数不多的几个能把组织的所有关键问题融合于一个体系之中的管理控制方法之一。全面预算管理通过对业务、资金、信息、人才的整合，明确适度的分权授权、战略驱动的业绩评价等来实现企业的资源合理配置并真实地反映出企业的实际需要，进而对作业协同、战略贯彻、经营现状与价值增长等方面的最终决策提供支持。

首先，加强全面预算工作的组织领导，明确预算管理体制以及各预算执行单位的职责权限、授权批准程序和工作协调机制。南水北调运营企业应当设立预算管理委员会，履行全面预算管理职责，其成员由企业负责人及内部相关部门负责人组成。

其次，按照专业职责组织支出预算的编制与审核。工程维护、信息机电、水质保护等专业管理部门按职责分工，负责提出相应工程日常维修养护、日常物资采购、安全生产、防汛抢险等计划、任务和要求，并审核相应预算。综合管理、党群工作等部门负责组织提出后勤保障等方面的计划、任务和要求，包括办公、生活设施改善，企业文化建设等方面，并审核相应预算。人力资源部门负责组织提出年度人力资源计划，包括人力资源需求计划、招聘和培训计划、薪酬和激励计划等，并审核相应预算。计划发展部门负责提出年度生产、投资支出、大修理及更新改造计划，颁布与完善维修养护定额。财务部门负责组织编制融资方案、财务费用预算、管理费用预算、税收规划等。各预算单位应建立健全与预算管理相关的规章制度，主要涉及招标投标、合同管理、劳动用工、财产物资采购调拨、费用开支、结算审批等方面。

再次，严格执行预算，维护预算纪律。南水北调运营企业应当加强对预算执行的管理，明确预算指标分解方式、预算执行审批权限和要求、预算执行情况报告等，落实预算执行责任制，确保预算刚性，严格预算执行。分解预算指标和建立预算执行责任制应当遵循定量化、全局性、可控性原则，一切成本费用支出都要严格按预算进行，凡没有纳入预算的资金需求，必须按照规定的程序审核批准。企业全面预算一经批准下达，各预算执行单位应当认真组织实施，将预算指标层层分解，从横向和纵向落实到内部各部门、各环节和各岗位，形成全方位的预算执行责任体系。企业应当以年度预算作为组织、协调各项生产经营活动的基本依据，将年度预算细分为季度、月度预算，通过实施分期预算控制，实现年度预算目标。企业应当根据全面预算管理的要求，组织各项生产经营活动和投融资活动，严格预算执行和控制。企业应当加强资金收付业务的预算控制，及时组织资金收入，严格控制资金支付，调节资金收付平衡，防范支付风险。对超预算或预算外的资金支付，应当实行严格的审批制度。企业办理采购与付款、销售与收款、成本费用、工程项目、对外投融资、研究与开发、信息系统、人力资源、安全环保、资产购置与维护等业务和事项，均应符合预算要求。涉及生产过程和成本费用的，还应执行相关计划、定额、定率标准。

最后，科学设计激励约束机制，严格预算考核。由预算管理部门结合预算管理制定完整的、符合实际的预算指标考核体系，严格按照考核体系进行成本预算考核，奖罚分明。定期对成本控制工作的执行者进行考核，严格执行有关奖惩措施，把完成成本控制的目标纳入考核办法中，明确成本控制的相关指标作为业绩考核的重要指标。制定成本控制考核和奖惩办法，并严格按照标准定期考核，及时公布考核结果，提高兑现的时效性，充分调动干部增收节支的积极性。同时加大对责任人的奖惩力度并严格兑现，以促进成本控制工作得到重视，养成企业节约的良好风气。建立成本预算执行通报制度，定期公布成本预算执行情况，通报成本控制结果，加强预算结果在下一个预算年度的运用。

16.3.5　实施精细化成本管理

精细化成本管理意为运用精细化管理思想指导成本管理工作，使成本管理精细化。精细化成本管理扩大了成本管理的内涵，是各种成本概念（如战略成本、作业成本、质量成本等）的综合运用，它是一种全员参与的、全方位性的、对企业经营全过程进行控制的成本管理思想。

精细化成本管理是一种行为，是一种认真的态度，是一种精益求精的文化。成本管理精细化是围绕既定的财务目标，组织、整合各个控制环节中的行为单元，形成步调一致的合力，确保目标实现的过程。工作中，要求以“全员、全过程、全方位”控制为主线，谋求“以小见大”“滴水见太阳”的管理效果，从点滴中梳理出一套旨在强化企业成本控制管理、提高企业经济效益的管理方法。

加强成本核算的基础工作，通过财务核算系统的辅助核算功能划小核算单元，将所有成本费用实施精细分解和准确归集，实行全成本核算，为各单位、各部门进行效益评价和成本分析提供及时、准确的数据支持。

建立健全各类成本管理基础台账，要求各部门对维修费用、办公费用等各类费用建立管理台账，开展成本写实，掌握各项成本控制分析的第一手原始资料。

确定各类支出定额，建立较为科学合理的定额体系。通过认真调查，合理测定，确定不同泵站、闸、抽水站、水库等的运营费用定额，为实施各项定额管理提供标准。

17 专题一：南水北调工程中线建管局河南分局、东线江苏水源公司供水成本控制机制调研报告

作为党中央、国务院决定兴建的合理配置水资源的重大战略性基础设施和事关全局、保障民生的民心工程，南水北调工程对缓解北方地区水资源供需矛盾有着特别重大的意义。经过 10 多年的建设，南水北调东、中线一期工程分别于 2013 年 11 月 15 日和 2014 年 12 月 12 日正式通水。水是生命之源、生产之要、生态之基，东、中线一期工程通水后，各级运行管理主体在探索工程运行管理模式方面取得了积极进展，但工程运行管理仍面临着一系列挑战，特别是维护成本高、还贷压力大、部分地区实缴水费远不能覆盖成本等问题比较突出。如何合理控制供水成本，充分发挥工程的经济、社会效益，努力实现南水北调工程安全、平稳、高效运行，已成为当前工作的重中之重。根据“南水北调工程运行初期供水成本控制机制研究”课题有关工作任务和研究需求，国家发展改革委体改所由姬鹏程、孙凤仪、李红娟组成调研组，于 2016 年 9 月 12 日、9 月 13 日分别赴中线建管局河南分局、东线江苏水源公司进行专题调研。通过实地考察、座谈和半结构化访谈等方式发现，在供水成本控制方面，中线建管局河南分局、东线江苏水源公司已形成了一些良好的运作机制，同时也存在一些挑战。调研组总结分析了已有运作机制对南水北调工程运行初期供水成本控制的启示。现将有关情况报告如下。

17.1 中线建管局河南分局供水成本控制机制有关情况

17.1.1 中线建管局河南分局基本情况

东、中线一期工程通水标志着南水北调工程进入由工程建设管理向

运行管理全面转型开拓的关键期。按照目前的工程运行管理体制，南水北调中线干线工程由中线干线工程建设管理局（以下简称“中线建管局”）负责运行管理，以通水运行管理为重心，中线建管局实行企业化运作。中线建管局河南分局是南水北调中线建管局的直属单位之一，所辖总干渠自平顶山市叶县段开始，纵跨河南境内平顶山、许昌、郑州、焦作、新乡、鹤壁及安阳7个地市，全长546千米，是中线建管局管理渠段最长的单位。其中，渠道长502千米，建筑物长44千米；起点设计流量330米^3/秒，终点设计流量235米^3/秒；共有各类建筑物1114座，其中，河渠、渠渠交叉145座，公路交叉624座，铁路交叉27座，节制闸28座，控制闸40座，退水闸23座，分水闸32座。

按照中线建管局批准的运行期机构设置方案，河南分局机关内设综合管理处（党群工作处）、计划经营处、人力资源处、财务资产处、工程管理处（应急办公室）、信息机电处、分调中心和水质监测中心共8个职能处室，沿线共设叶县、鲁山、宝丰、郏县、禹州、长葛、新郑、航空港区、郑州、荥阳、穿黄、温博、焦作、辉县、卫辉、鹤壁、汤阴、安阳和穿漳19个管理处。目前，河南分局共有在编人员625人。

17.1.2 中线建管局河南分局内部成本控制机制的特点

17.1.2.1 重视内控制度建设，落实制度化、程序化和规范化管理

中线建管局河南分局高度重视内控制度建设，严格按照中线建管局的各项规定，建立健全内控制度，目前主要有《投资管理实施细则》《计量与支付管理实施细则》《合同管理实施细则》《投资统计管理实施细则》《工程变更和索赔管理实施细则》《河南分局运行维护项目组织实施暂行办法》《河南分局费用开支管理实施细则》《河南分局会计电算化管理办法》《河南分局现金管理办法》《河南直管建管局待运行期工程管理维护费用开支管理办法（试行）》《河南直管建管局待运行期物资核算实施细则（试行）》等制度。通过内控制度建设，河南分局各项工作初步实现制度化、程序化和规范化管理。

17.1.2.2 实施全面预算管理，实现运行和基建财务管理一体化

中线建管局实行全面预算管理。全面预算管理的基本任务是根据企

业的经营目标，明确预算管理的职责和权限，合理配置经济资源，对经济活动开展控制、分析、监督和考评，实现安全、高效、规范管理。根据中线建管局全面预算管理办法，河南分局明确全面预算管理的任务、原则、职责分工，规范预算编制、审批、执行、控制、调整、考核和监督等具体工作。

（1）预算上报及批复情况。河南分局成立预算管理委员会，负责建立并完善分局预算管理制度，对预算重大事项进行决策，形成了“分级管理、归口负责”的预算责任体系。根据中线建管局下达的各专业年度计划，按照“确保刚性需求、突出安全重点、细化管养维护、抓好节约创新”的原则，完成全面预算草案编制、审核和上报工作。根据中线建管局下达的预算批复，河南分局结合管理处工作实际，按照差异化管理原则，分解预算至各管理处，并对管理处进行指导，做好预算执行工作。

（2）预算执行情况。根据中线建管局预算管理的要求，做好工程维修养护日常项目和专项项目的分类管理。三级管理处依据所下达的年度预算指标实施维修养护日常项目。专项项目由各管理处编制实施方案，明确技术标准、投资估算、管理措施、采购方式等内容，报分局业务处室审批后执行。项目的立项、分标、采购、实施、定价及计量支付按照《河南分局运行维护项目组织实施暂行办法》执行。

河南分局严格执行中线建管局下达的支出预算，积极推动年度工程维修养护工作，完成全年预算任务。预算内项目在预算额度内按照中线建管局的相关规章制度执行；预算外项目报预算管理委员会审批后执行；应急抢险项目按应急预案实施，相应支出经预算管理委员会主任委员审批后据实列支。

预算执行中，河南分局认真梳理预算执行管理环节，分析预算管理风险，规范费用支出管理，坚持事前审批、事中监督、事后分析的管理原则，强化预算刚性约束机制。

（3）预算考核。中线建管局采取分级考核和专业考核、季度考核和年度考核相结合的形式进行预算考核。季度考核对预算进度、质量和执行率进行分析，控制和督促预算执行过程。

根据中线建管局的要求，河南分局基建财务管理整体向企业财务管理转型，即以通水运行管理为重心，实行企业化运作，将中线干线工程基本建设项目作为在建工程纳入企业财务管理，实现运行和基建财务管理一体化。根据中线建管局企业会计核算过渡衔接方案，完成企业会计核算过渡衔接工作，编制上报各类报表，保证财务体系平稳过渡。根据管理职责，做好资金、资产、预算、成本和费用等管理工作。

17.1.2.3 严格采购管理，源头控制工程运营成本

河南分局根据国家相关政策及中线建管局的有关规定，结合分局的实际情况，制定《河南分局运行维护项目组织实施暂行办法》。该办法对项目立项、分标、采购、承包单位资质要求、实施、合同定价及计量支付做出了明确的规定。采购管理有关情况如下。

（1）管理协调有力，采购分工明确，按时保质完成采购任务。河南分局根据具体项目的实际情况，将一些需要统一标准尺度、涉及全线的项目由分局统一组织采购；将与现场关系密切的项目由管理处组织采购，充分调动上下各方的积极性、主动性和参与意识。

（2）规范采购方式。以下 4 类项目采用公开招标方式：一是新建、改扩建、大建、技改、专项维修等专项项目及日常维修养护项目；二是施工单项合同估算价在 200 万元（含 200 万元）以上的项目；三是物资、设备（含备品备件）及材料单项合同估算价在 100 万元（含 100 万元）以上的项目；四是勘测、设计、监理等服务单项合同估算价在 50 万元以上的项目。

非公开招标方式包括竞争性谈判、询价、单一来源、零星采购、零星用工等。具体项目的采购方式由采购需求部门根据项目特点及预估造价确定。各类采购方式的具体要求结合中线建管局非招标项目采购管理办法执行。

（3）合同定价。预算控制价的编制参照相关行业现行配套定额、取费标准，人工、材料价格根据造价信息确定。若无明确定额、费用标准可以参照，以及采用定额计价偏离市场价格较多时，可根据现场具体情况和市场价格情况确定。预算控制价原则上不得超过分局下达的预算金额，定价方式具体如下：采用公开招标、竞争性谈判、询价等方式实施的项目合同价格，按采购文件约定的定价方式执行；采用单一来源方式

的货物合同价格，通过协商谈判方式，结合市场行情确定；采用零星采购方式的项目合同价格，原则上应通过不少于3家供应商询价比选，通过协商谈判方式确定。

当然，中线建管局河南分局内部成本控制方面也面临一些问题和挑战，集中表现为维修养护工作难度较大，运行成本高，现有预算难以满足工作需求。

首先，工程设计审批时间较早，初设标准低，运行维护难度较大。部分南水北调工程初设标准低，不适应工程建设后续运行发展的需要，对运行管理设施设计深度不够，设施欠缺，为达到标准化管理的要求，完善设施需要大量运行维护费用。

其次，工程养护费需求大，刚性运营管理成本高。南水北调中线干线工程是线性工程，线长、跨度大，维修养护点多，沿线突发事件、应急事件发生频率高，尤其是汛期应急抢险频繁，突发事件处置费用较大，刚性运营管理成本高，现有维护养护定额无法满足现场工作的需要。机电设备易损坏，维护成本大幅增加。土建绿化日常项目中除草、植草费用占土建绿化日常项目50%以上，劳务市场工资水平较高，现有预算匹配工作需求挑战大。

再次，成本控制制度仍有改进空间，过程控制不够精细。例如，当前河南分局已经试行全面预算管理，但成本预算指标科学化仍有提升空间，一线部门可落地生根的降本增效措施不足，成本预算计划执行情况的动态分析与信息反馈不足

最后，部分管理人员素质不高，加大了工程管理的无效成本。与东深供水等行业标杆相比，河南分局部分管理人员技术素养低，管理粗放，对工程的进度、质量、成本不能很好地把握和控制，影响南水北调工程运行初期的成本控制。部分干部职工改革、创新精神不足，高素质、复合型人才缺乏，难以适应调水供水工程运行管理的要求。

17.1.3 中线建管局河南分局成本费用预算构成情况

根据中线建管局《关于下达河南分局2016年度预算有关事项的通知》（中线建管局预〔2004〕3号），河南分局2016年度成本费用预算项

目及其构成如下：维修养护费用（49.43%）、制造费用（31.49%，包括生产部门的人员经费和管理费用）、管理费用（13.11%）、燃料动力支出费用（5.47%）。其中，维修养护费用中占比较大的项目包括土建绿化、日常开支、安全保卫、安全预测、专项支出、高压输配电等（图17.1）。由图17.1可知，中线建管局河南分局维修养护费用、人员经费和管理费用等项目占比相对较高。但目前的实际开支不代表以后正常运行时期的成本开支，目前工程处于运行初期和成本控制摸索阶段，维修养护高峰尚未到来，预算管理控制的主要是现金支出，不含折旧，且占比较大的还本付息在中线局，动力费与抽水量成正比，还本资金来源于折旧，维修养护费与维修养护频次、维修难度等息息相关。

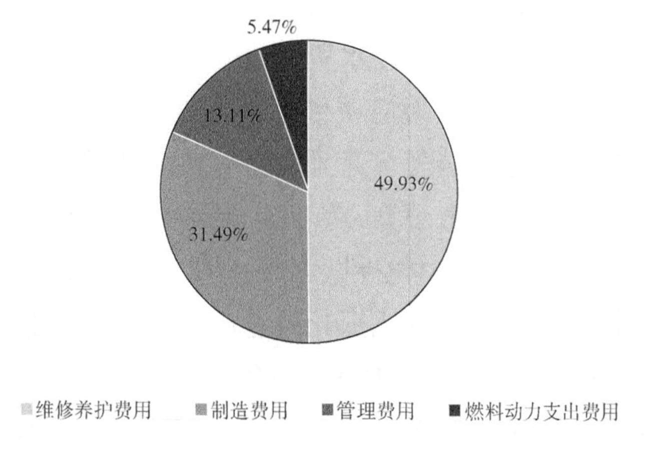

图17.1　中线建管局河南分局2016年度成本费用预算构成

17.2　东线江苏水源公司供水成本控制机制有关情况

17.2.1　东线江苏水源公司概况

根据国务院南水北调工程建设委员会《关于南水北调东线江苏境内工程项目法人组建有关问题的批复》（国调委发〔2004〕3号）、国务院南水北调办公室《关于同意〈南水北调东线江苏水源有限责任公司章程〉的函》（国调办建管〔2004〕30号）和《省政府关于设立南水北调东线江苏水源有限公司的批复》（苏政复〔2004〕38号），南水北调东线江苏水源有限责任公司（以下简称“江苏水源公司”）于2005年3月成立，是国家和江苏省政府共同出资设立的国有独资企业，注册资本1亿元，作为项目法人对工程建设、运营、管理、债务偿还和资产保值全过程负责。在工程建设期，江苏水源公司承担项目法人职责，负责南水北调东线江苏境内工程建设管理；工程建成后，负责东线江苏境内工程的供水经营和相关水产品开发经营业务。

17.2.2　东线江苏水源公司成本控制机制的特点

17.2.2.1　现代企业运营是东线江苏水源公司的鲜明特点

东线江苏水源公司自成立以来就一直采用公司化运营管理模式，立足于江苏南水北调工程运行管理“降本增效”的基本需求，以资本为依托，以科技创新为先导，开展以水资源优化调度及水工程运营管理信息化技术、水工程建设全生命周期项目管理系统解决方案、大型泵站技术集成及运维服务为核心的经营管理业务。江苏水源公司以《企业会计准则》为基础，严格把控财务预算、管理、审计，确保各项收支有凭有据，开源节流，自负盈亏，将成本控制落实到企业经营的各个环节。

近年来，江苏水源公司围绕深化国企改革新要求，紧扣公司“十三五”规划确定的目标任务，以建设科技创新型企业为引领，以加快资本化运作为方向，创新发展理念，目标明确，谋事创业，努力做成长和健康的现代企业，做水利行业有鲜明特色的龙头企业，实现公司转型跨越发展。

17.2.2.2　建机制、立规章、抓管理，三级管理体系运转协调高效

南水北调江苏段工程正步入工程建设全面转入运行管理的阶段，江苏水源公司通过建机制、立规章、抓管理、保安全、促运行、求创新，不断探索和提高运行管理水平。江苏水源公司按照“做优、做强、做精”的原则，组建完善二级分公司和三级现场管理单位，明确管理职责和范围，初步建成了三级管理体系，为工程安全、高效管理提供了组织保障。江苏水源公司在不断完善、优化本级调度运行管理职能部门的同时，先后成立了宿迁、扬州、淮安、徐州4个分公司以及维修检测中心和数据中心等二级机构。同时，立足精简高效，统筹江苏省水利行业工程管理

技术资源，积极探索创新工程运行管理模式，及时组建落实现场管理单位和管理队伍21家，为工程管理和调度运行工作顺利有序开展提供有力抓手。

此外，江苏水源公司重视开展管理制度顶层设计，用规章制度规范工程管理行为。在系统研究国家和江苏省相关制度办法的基础上，结合江苏省工程管理的实际情况，江苏水源公司已制定《工程管理考核暂行办法》《工程维修养护项目管理办法（试行）》《分公司考核办法（试行）》《南水北调江苏境内工程管理办法（试行）》等管理制度，组织编制《南水北调泵站工程管理规程（试行）》和《南水北调泵站工程自动化系统技术规程》，并经国务院南水北调办公室批准作为行业规范正式颁布执行。同时，修订完善工程管理委托合同条款，实行管理维护工作“清单化”，指导分公司和现场管理单位修订完善工程运行操作规程、安全生产、重大危险源登记等近50项工作制度并监督实施。

17.2.2.3 立足管养分离，积极探索专业化和市场化相结合的运营模式

江苏水源公司重视通过公开招标或直接委托的形式将工程委托给具有工程管理资格和条件的单位进行运行管理，并对受委托人实行合同管理。根据工程实际，江苏水源公司制定了境内泵站工程和河道工程管理检查考核办法，主要包含工程管理考核的标准、要求、等级、计分、流程等，与管理合同一并执行。将南水北调工程水土保持和绿化养护、供电线路专业维护等专业工作委托有资质的社会专业队伍实施，提高专业维护水平，确保管养质量。江苏先期建成的泵站工程较多采用了委托管理模式。当前宝应泵站、刘山泵站、解台泵站通过招标选定泵站管理单位；淮安四站、淮阴三站、蔺家坝泵站、刘老涧二站则采用直接委托管理模式。

17.2.2.4 积极开拓技术服务市场，打开对外经营局面

在对工程现场管理机构采取直接管理和市场化委托管理相结合的基础上，江苏水源公司着力加强维修检测能力建设，充分利用大型泵站建设和运行维护技术优势，构建工程技术服务平台，在不断提升自我服务能力的同时，增强公司对外服务竞争力。江苏水源公司通过设立建设管理中心，一方面，负责南水北调工程江苏段后续具体建设管理工作；另

一方面，开展水利工程建设管理业务经营拓展，承接工程建设总承包、代建、招标代理、监理、咨询、工程建设材料和工程质量检测等经营业务。建设管理中心自成立以来，积极开拓技术服务市场，严格规范经营项目管理，通过市场竞争，先后获得龙山水利枢纽工程、长荡湖生态清淤工程代建任务，打开对外经营拓展局面，也为整个南水北调工程“降本增效”提供了新思路。除建设管理中心外，调度运营中心、技术服务中心、投资发展中心、资源中心等其他中心也准备公司化运营，积极拓展业务和营收渠道。

17.2.2.5　立足技术创新和管理创新，实现降本增效目标

降本增效是运行管理工作的核心任务，江苏水源公司立足技术措施、管理手段等的优化，有效控制各项运行管理费用，初步实现降本增效目标。

（1）江苏水源公司创新探索泵站主机组状态检修方式。江苏省南水北调14座泵站共有59台机组，按传统的定期检修方式进行检修，检修成本较高。采用专家主导的设备状态检测诊断方式对主机组进行关键技术指标评估，提前消除机组故障薄弱环节，能够实现以最小成本来有效延长机组检修周期。经测算，若开展状态检修，预防性检查按延长大修周期40%来测算，每年可节约大修经费约100万元。

（2）江苏水源公司研究试行直购电方案。2014年，江苏能源监管办、江苏省经信委、江苏省物价局联合出台了《江苏省电力用户与发电企业直接交易试点暂行办法》《江苏省电力用户与发电企业直接交易扩大试点工作方案》，正式启动了电力用户与发电企业直接交易（以下简称“直接交易”）试点工作，发电公司电价比从电网购买的电价每千瓦时便宜0.2～0.3元。电费是运行成本的重要直接支出，经前期与省经信委洽谈，2016年10月，江苏水源公司出台了《试行直购电实施细则》，公司正在为2016—2017年度调水试行直购电方案进行前期准备，若能申请成功，能直接降低今后调水运行电费支出。

17.2.3　东线江苏水源公司运行管理成本费用构成情况

近年来，东线江苏水源有限责任公司成本控制效果初显。根据2015

年7月1日至2016年6月31日运行管理南水北调工程现金支出的实际状况，江苏水源公司提供的满足工程运行最低成本费用项目及其构成如下：付息（35.63%），还本（23.65%），动力费（14.62%），人员工资福利费（11.27%），其他费用（5.89%，包括防汛岁修、捞草费、水文水质检测费、江水北调配合费），工程管理费（5.48%），工程日常维修养护（3.05%），工程大修费（0.71%），总计9.85亿元（图17.2）。

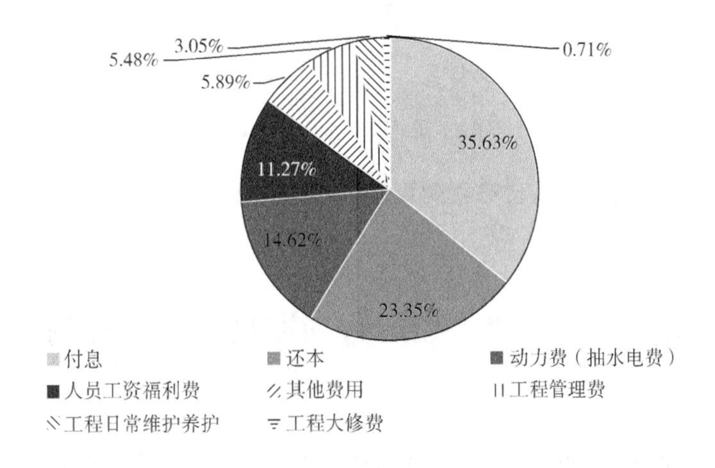

图17.2　江苏水源公司运行管理成本费用构成

由图17.2可知，江苏水源公司运行管理成本中还本和付息两块刚性支出较高，抽水电费占比相对较高等特征，与工程前期贷款多、扬程较高、耗电多等建设运营特征比较吻合。固定成本比较大，刚性成本支出比较高等特征，与2014年国家发展改革委研究制定东线一期工程运行初期供水价格相关政策时的测算结果比较一致。但工程运行初期实际开支不代表以后正常运行时期的成本开支，目前工程处于运行初期和成本控制摸索阶段。

按照国家发展改革委研究制定东线一期工程运行初期供水价格相关政策时的测算结果，在年供水量达到规划设计调水规模的情况下，东线一期工程供水总成本费用约为31.335亿元（图17.3）。其中，固定资产折旧费占25.71%，抽水电费占25.08%，工程管理费占16.39%，人员工资福利费占10.93%，利息净支出占10.40%，工程维护费占9.64%。

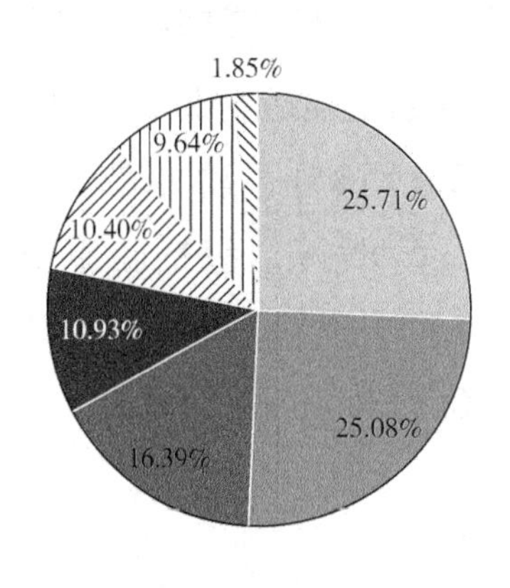

图 17.3　国家发展改革委测算水价时的东线一期工程供水成本构成

17.3　对完善南水北调工程运行初期供水成本控制机制的启示

17.3.1　股份制企业运作是实现南水北调工程良性运营的关键

按照社会主义市场经济体制的总体要求，根据南水北调工程各线工程的特点，建立产权明晰、权责明确、政企分开、管理科学的现代企业制度，是社会进步和供水事业发展的必然选择，也是提高供水效能、降低供水成本，实现水资产保值、增值的重要途径。我国南水北调工程投资结构的多元化客观上要求调水工程按照现代企业制度运作。股份制企业运作有利于所有权和经营权的分离，有利于提高企业和资本的运作效率，有利于形成“利益共享、风险共担”的机制。2016 年以来，国务院及相关部委大力推进债转股，如果条件充分，企业债转股将会大大减轻还本付息的压力，降低企业的财务费用，释放企业发展的更大动力。南水北调工程实行资本金制度，由于水商品的特殊性和准市场的特点，国家投入的资本金本质上属于政策性投资，为了最大限度地发挥工程的社会效益和经济效益，要求南水北调工程按照规范的现代企业制度进行管理。江苏水源公司的经验表明，规范的现代企业制度运营会让企业在技术创新、开拓市场、强化服务、成本控制等方面更有活力、更有动力。

17.3.2 科学、合理、健全的成本管理制度是南水北调工程运营成本控制的重要保证

成本管理制度是企业全体员工共同遵守的规章或行为准则。西方管理理论的基础——泰勒制科学管理的核心就是工作任务和工作机制的标准化、规范化、制度化，具有实践性、科学性、协调性、规范性和效率性等特点。中线建管局河南分局和江苏水源公司结合自身情况，制定了相应的运营管理章程、办法、制度，将运营成本管理控制落实到具体制度中，成效初显。南水北调工程运营单位应结合自身的实际情况，基于科学研究，建立健全科学、合理的成本控制制度，并在实际执行中不断修正，以适应南水北调工程运营发展的新需求。此外，运营管理单位特别强调成本控制制度应该包括成本控制激励机制。

17.3.3 全面预算管理是南水北调工程运营成本控制的重要途径

全面预算管理是企业实现有效管理、提高效益、实现稳步发展的迫切需要，是现代企业管理科学化的重要标志，也是供水企业履行社会责任、实现自身生存和发展的需要。

目前，南水北调运营管理单位已经开始实行全面预算管理，但依旧存在较大的改进空间。首先，应对南水北调运营管理单位的成本支出内容进行细致的分析，并按照成本分析报表编制完善的运营单位预算管理计划。其次，应按照成本预算管理计划制定成本预算指标，将成本预算控制管理工作细化、量化，并将预算管理任务分解到单位的不同管理部门。最后，应针对运营单位的成本预算计划执行情况进行动态分析与信息反馈，通过增强预算的执行力，确保成本预算计划得到有效的落实。综上所述，通过全面预算管理，确保南水北调运营管理单位成本控制按照相应的计划有序实施。

17.3.4 立足管养分离，探索高效的市场化工程运营管理模式

南水北调工程作为世界上最大的跨流域调水工程，其建成后的运营管理涉及大量专业性的工作，而目前的运营管理单位基本都是原先的工

程建设单位。因此，工程运营可以采用更多的市场化外包方式，管养分离，委托管理，将部分业务内容承包给更专业的第三方来运作。较传统的直接管理模式，委托管理模式有诸多优点：一是在总的人员设置方面，委托管理模式极大地减少了人员配置。例如，江苏水源公司委托管理的一座泵站配员在20～30人，充分发挥一专多能、一人多岗的特点，而直接管理的工程，少的有50～60人，多的有100多人。二是在总的管理成本上，委托管理模式的费用小于传统的工程管理的支出。三是在管理人员的业务技术水平等方面，受托管理单位运行管理经验更加丰富、业务技术水平更高。未来南水北调运营管理单位应立足管养分离，继续完善推广专业化和市场化相结合的管养模式。

17.3.5　精细化成本管理是未来南水北调运营成本控制的主要方向

精细化成本管理是一种全员参与的、全方位性的、对企业经营全过程进行控制的成本管理思想，是一种精益求精的文化和行为。精细化成本管理要求围绕既定的财务目标，组织、整合各个控制环节中的行为单元，形成步调一致的合力，确保成本控制目标实现。精细化成本管理要求以“全员、全过程、全方位”控制为主线，谋求“以小见大”“滴水见太阳”的管理效果，从点滴细节中梳理出一套旨在强化企业成本控制管理、提高企业经济效益的管理方法。

对中线建管局河南分局和江苏水源公司的调研发现，南水北调运营单位成本控制不够精细化，成效尚不明显。未来，精细成本管理应该成为南水北调工程运营成本控制的主要方向。

首先，要加强成本核算的基础工作，通过财务核算系统的辅助核算功能划小核算单元，将所有费用实施精细分解和准确归集，实行全成本核算，为各单位各部门进行效益评价和成本分析提供及时、准确的数据支持。

其次，建立健全各类成本管理基础台账，要求各部门对维修费用、办公费用等各类费用建立管理台账，掌握各项成本控制分析的第一手原始资料。

最后，确定各类支出定额，建立较为科学、合理的定额体系。通过认真调查、合理测定，确定不同泵站、闸、抽水站、水库等的运营维护费用定额，为实施定额管理提供标准。

18　专题二：引黄济青工程、广东粤港供水公司成本控制情况调研报告

南水北调工程作为党中央、国务院决定兴建的水资源配置的特大型基础设施，对缓解北方地区水资源供需矛盾有着重大的意义。南水北调一期工程通水后，面临着管理运营难、管理费用多、维修维护费用大、还贷压力大等成本费用问题。如何在合理控制成本费用支出的前提下，强化成本执行的过程控制，更好地发挥工程的经济、社会效益，已成为当前工作的重中之重。根据“南水北调成本控制机制研究”课题有关工作任务和研究需求，国家发展改革委经济体制与管理研究所组成调研组，于2016年9月14日、9月29日分别赴山东省青岛市、广东省深圳市进行专题调研。通过实地考察和座谈发现，在调水、供水工程成本管理控制方面，引黄济青工程和广东粤港供水公司均进行了积极探索，尤其是广东粤港供水公司，基本上形成了一套有利于成本控制的体制机制，对此，调研组总结分析了已有运作机制对南水北调工程运行初期供水成本控制的启示。

18.1　引黄济青工程成本控制的有关情况

18.1.1　引黄济青工程基本情况

引黄济青工程是山东省“T”形调水大动脉的重要组成部分，是目前已投入运行并发挥巨大作用的山东省最大的跨流域、跨地区、远距离大型调水工程。该工程自1986年4月15日开工，共投资9.52亿元，于1989年11月25日建成通水。引黄济青工程自博兴县黄河打渔张引水闸至青岛市白沙水厂，全长290千米，途经滨州、东营、潍坊、青岛4市、10个县（市、区）。引黄济青工程对青岛市乃至山东省经济社会的发展

做出了巨大贡献，并取得了显著的经济效益和社会效益。

18.1.2　引黄济青工程管理运行的特点

18.1.2.1　统一管理，分级负责

引黄济青工程实行统一管理，分级负责制。引黄济青工程管理局隶属于山东省水利厅，根据工程所在地域分布情况，下设4个管理分局，分别是滨州分局、东营分局、潍坊分局和青岛分局；各管理分局在下属工程所在各县（市）设置工程管理处。基层管理单位为管理所（站）。引黄济青工程管理机构的主要任务是管理国有资产，确保向青岛市供水，兼顾沿途的灌溉和水费计收①。引黄济青工程注重边建边管，对河、渠、陆、林进行了统一规划，改善了输水交通条件②。引黄济青工程现代化的通信系统及沿线专用道路已经建成，经过冬季输水实践，已经初步积累了冰凌期的输水经验；全河输水效率达到80%；泵站、水库、倒虹及各类建筑物都已配套建成并得到良好的维护；输水河两岸种植了树木，岸坡用草皮护面，生态环境得到了改善。

18.1.2.2　建章立法，依法管理

引黄济青工程采用明渠输水，沿线经过10个县、市、区，管理工作须得到沿线各级政府的支持，同时制定了相应的管理条例予以约束。山东省调水局出台了《调度运行管理办法》《泵站管理办法》《职工管理若干规定》《经费管理办法》等50多项规章制度，尤其是2011年12月25日山东省人大常委会审议通过并颁布施行《山东省胶东调水条例》，标志着引黄济青工程管理已形成了较为严密的制度管理体系。通过内控制度建设，引黄济青工程成本控制各项工作步入了制度化、程序化、规范化、标准化管理模式。为维护好工程设施和输水运行秩序，加大管理执法力度，在引黄济青工程各管理处建立了公安派出所，与沿线7市（县）公安机关联防联治，确保了工程设施的完好与调度运行秩序的稳定。

---

① 俞衍升．中国水利百科全书·水利管理分册［M］．北京：中国水利水电出版社，2004：233.

② 青岛市史志办公室．青岛年鉴2003［J］．青岛市史志办公室，2003：196.

18.1.2.3　工程维修费用量化考核，控制基建工程成本

引黄济青工程每年的工程维修、大修是经费开支的主要部分。为了提高管理水平，控制工程管理运行的成本，对工程维修费用按技术经济指标进行量化。据此，将工程按照渠道、衬砌、道路、节制闸、输电线路、闸站变电站、管理房等工程的技术指标分别分配到处、所，然后按拟定的单位技术指标费用，计算各处、所的工程维修费用，包干使用。对泵站工程，则从行政、后勤、车辆、土建工程、机械设备、电气设备、金属结构、电气试验、生产用电、取暖 10 个方面，根据工程现场离基地的远近、设备数量的多少、工程现场情况等核实日常管理费用。对工程的大修费用，按照申报、评估、立项、审批的程序，分析单位技术经济指标，进行考核，并将考核结果列为年度工程检查评比的内容。

18.1.2.4　工程维修养护点多线长，刚性运营管理成本费用高

引黄济青工程养护维修经费不足，工程管理单位靠收水费来维持工程的管理、运行和维修。由于工程公益性的特征，收取的水费不以追求利润为目标，水价只要能保证供水工程的经济安全即可，水费收取很难到位，经费严重不足，致使工程养护维修投入经费少之又少，基本上是勉强运行。沿线突发事件、应急事件频率高，尤其是汛期应急抢险频繁，突发事件处置费用较大，刚性运营管理成本高。土建绿化日常项目中除草、植草费用比例较大，劳务市场工资水平较高，现有预算难以满足工作需求。机电设备易损坏，维护难度大，更换频繁，进口设备零部件单价高，数量多，维护成本大幅增加。

18.1.3　引黄济青供水成本费用构成情况

18.1.3.1　引黄济青工程成本构成依据

引黄济青工程的成本构成依据 2004 年《水利工程供水水价管理办法》执行。《水利工程供水水价管理办法》明确规定了引水工程供水水价由供水生产成本、费用、利润和税金构成。供水生产成本是指正常供水生产过程中发生的直接工资、直接材料费、其他直接支出以及固定资产折旧费、修理费、水资源费等费用。供水生产费用是指为组织和管理供水生产经营而发生的合理销售费用、管理费用和财务费用。利润是指供

水经营者从事正常供水生产经营获得的合理收益，按净资产利润率核定。税金是指供水经营者按国家税法规定应该缴纳并可以计入水价的税金。引黄济青工程供水成本增长速度过快，但水价增长速度严重滞后，供水长期处于亏本运行状态。

18.1.3.2　引黄济青工程供水成本的形成机制

根据《水利建设项目经济评价规范》的规定，引黄济青工程按经济性质分类的总成本费用包括材料和燃料费、动力费、工资及福利费、维护费、折旧费、管理费、利息支出、水资源费、水源区维护费等。引黄济青工程供水水价始终坚持执行基本水量与计量水量、基本水费与计量水价相结合的两部制水价政策，为保证工程正常管理运行和向青岛市供水等调水任务顺利完成起到了非常重要的作用。自 1989 年通水至 2006 年一直实行准“两部制”水价政策，对基本水量、基本水费做出了明确规定。2007 年至今执行国家《水利工程供水价格管理办法》制定的两部制水价政策，进一步明确了基本水费、计量水价执行标准。

18.1.3.3　引黄济青工程水价的三次调整

引黄济青供水运行中，工程供水水价先后经历了 3 个调整过程。一是只按当时供水成本费用确定的工程最初指令性供水水价，即 0.38 元/米^3。二是从最初的“指令性”向现在的“准市场性”水价的过渡。在 1993 年 2 月将供水价格调整为 0.89 元/米^3，三年内逐步到位，年基本水费达 3840 万元。三是过渡到 2002 年为弥补供水成本的大幅上涨和青岛市多年来用水量一直不足等不利因素而调整为每年基本用水量 9000 万吨，基本水费 8200 多万元新的供水水价阶段。引黄济青工程采用基本水费和计量水费相结合的收费方式，山东省引黄济青工程管理每年与用水管理单位签订供用水合同，按供水合同供水、用水和收取水费。目前，引黄济青工程的水价采用“基本水价加计量水价”的水费计收办法，将水价分成固定水价和变动水价两部分。

18.1.3.4　引黄济青工程水价制定存在严重不足

引黄济青工程供水水价制定和调整过程中存在如下不足：一是核定的设计供水量与实际供水量相矛盾，用水单位受经济利益驱动，使调水工程不能按设计供水量供水，影响了调水工程管理单位的水费收入和工程效益。二是多年来引黄济青工程实际供水量一直未达到设计能力，至2009年年底，多年平均供水量不到设计水量的60%。三是工程供水水价调整滞后，供水价格不能随物价变化及时调整。山东省人民政府1993年制定的引黄济青工程供水水价是按照1992年的价格水平确定的，水价一直执行到2006年，14年都没有变化，2007年执行的“两部制”水价仍然是按2004年的价格水平确定的，水价调整严重滞后于物价上涨水平。

18.2　广东粤港供水有限公司成本控制有关情况

18.2.1　广东粤港供水有限公司概况

广东粤港供水有限公司（业内多称“东深供水工程”）隶属于广东粤海集团，是2000年在原广东省东江—深圳供水工程管理局的基础上经过改制后成立的一家中外合作企业。东（江）深（圳）供水工程位于中国广东省东莞市和深圳市境内，是一项主要对中国香港，同时对深圳及工程沿线东莞城镇提供饮用水及农田灌溉用水的跨流域大型调水、净水工程。东深供水工程在成本管理方面，通过成本预测，确定成本目标和目标利润，制定管理制度，采用新技术，降低成本，加强成本控制，提高管理水平。对各项目实施过程中所发生的费用，通过计划、组织、控制和协调活动实现预定的成本目标，在项目成本管理方面取得了良好的效果。东深供水工程创造了世界一流的技术，达到了国际先进水平。

广东粤港供水有限公司设董事会、经营班子，同时成立了公司党委和工会。在生产运行管理方面，实行公司、部、站（室）三级管理，下设调度中心、生产技术部、计财部等9个机关职能部门，桥头、塘厦、雁田、深圳供水管理部4个基层管理部和维修部，太园、金湖等9个站，员工总人数约600人。广东粤港供水有限公司成立后，承接了东深供水工程管理局的职能。公司总资产为244.64亿港元，注册资本为61.16亿港元。广东省政府授予广东粤港供水有限公司30年东深供水工程特许经营权。

18.2.2　广东粤港供水有限公司运行管理的主要做法

18.2.2.1　全面精益化管理体系建设

在长期的供水实践中，广东粤港供水有限公司工程管理局根据工程沿线生态环境及经济发展的情况变化，不断总结完善，先后制定了安全规程，“三防”工作手册，深圳水库、雁田水库防汛预案，水工工程承包管理责任制，工程沿线水质保护管理责任制，内部审计工程实施细则等一系列规章制度，把工程管理的各项工作都纳入量化考核机制，使管理工作上了一个新台阶。广东粤港供水有限公司的制度体系包含管理体系、技术标准、工作标准3大类。每个门类又包含多个子体系，运营管理体系共10个（下设26个子制度），管理支撑体系共13个。以深圳水库工程建设标准为例，深圳水库虽属于中型水库，但考虑到其向中国香港、深圳供水的重要性及对水库下游香港、深圳防洪的影响，根据国家防洪标准，工程设计洪水标准为百年一遇。

18.2.2.2　实施全面预算管理

广东粤港供水有限公司完全实行企业化管理，自主经营，自负盈亏。财务上实行全面预算管理，所有开支严格按照集团董事会批复的年度预算执行，不随意更改计划，不得挪用已下达的计划资金。每月提交预算分析报告，对各项费用执行情况做具体分析，保证所有开支严格按照计划执行。广东粤港供水有限公司在编制年度预算时，根据工程维护的需要，安排足够的维修养护经费，以保证工程安全运行。

18.2.2.3　健全优化工作流程

结合管理体系建设，深入进行流程建设。一是健全流程，二是规范流程，三是优化流程；明确制度体系和工作流程体系的关系，以制度、流程、作业指导书、表单等文件规范流程的运作方式。自2013年起，广东粤港供水有限公司逐步将流程与信息化建设相结合，以IT为载体，提高流程的运行效力和制约能力。在管理体系基础上，形成生产运营和管控支撑两大分类，25个业务板块流程架构。目前，广东粤港供水有限公司正在运作的管理制度154项，业务流程214个，工作指引486项，作业表单1401个。

18. 2. 2. 4　智能化管理系统的建设

供水工程的整个供水生产中，调度是供水系统的核心工作，是梯级泵站、供水站、电站及水库等协调运作的中枢。调度供水系统的信息化建设，直接关系到调水控制的成本和效率。广东粤港供水有限公司调度中心通过先进的计算机监控系统及通信网络，进行供水工程全线设备的远程监控、全线供水调度、供电系统设备和供水设施事故及异常情况指挥。目前，调度中心已按供水工程设计流量100 米^3/秒，通过远程监控系统及视频图像系统，实现对供水工程 2 条 110 千伏独立供电线路、6 座梯级泵站、1 座生物硝化站、沿线分水站、深圳水库及雁田水库主要设施设备的远程监视与控制，供水及供电保证率达到99%。

18. 2. 2. 5　管理中融入激励机制

广东粤港供水有限公司为了保证供水工程顺利实现建设和运行目标，在确保信守合同、符合国家法律法规的前提下，建立了一套行之有效的激励机制，以充分发挥工程参建单位和人员的主观能动性和工作积极性，增强各参建方与建设方之间的诚信，确保工程建设目标的实现。根据东深供水工程建设运营管理的主要特点、存在的问题以及实际情况，工程管理指挥部依照现代激励理论，从不同层面，针对不同需求，研究相应的激励措施，建立优胜劣汰的竞争激励，以精神激励为主，物质激励与精神激励相结合。

18. 2. 3　广东粤港供水有限公司成本控制及效果

18. 2. 3. 1　成本构成比例合理，分布均匀

成本控制是保证广东粤港供水有限公司顺利完成成本管理目标和提高经济效益的重要途径。目前，广东粤港供水有限公司的主要成本项目是动力费（占比 21%）、水资源费（占比 23%）、人工成本费（占比14%）、维修费（占比 5%）、折旧费（占比 16%）、财务管理费（占比17%）、其他费用（占比 4%）（图 18. 1）。

18. 2. 3. 2　多项措施并用，有效降低成本费用

广东粤港供水有限公司通过智能化管理，自动化控制生产经营，信息化建设优化管理，有效地降低了人工成本；通过工作流程优化，有效

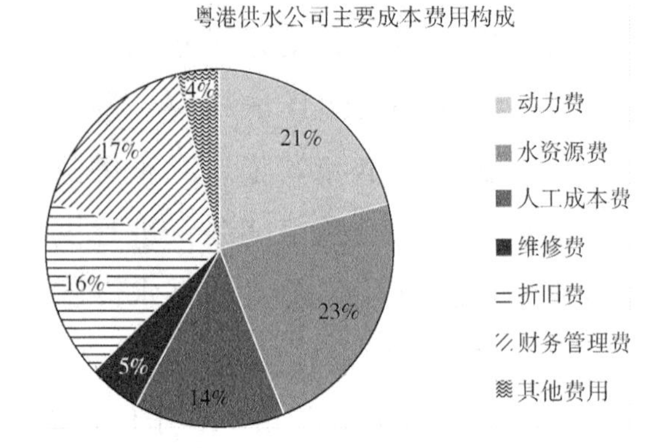

图 18.1　粤港供水公司主要成本费用构成

地降低了财务管理及其他费用；通过经济运行、实行峰平谷分段计费（峰谷电经济运行所节约的电费比重最大，占 1/3 以上），有效地降低了电费、水资源费等；通过前期工程项目设计和一流的标准化建设，有效地减少和降低了后期工程维护和设备维修费。

18.2.4　广东粤港供水有限公司东深供水工程安全保障及措施

18.2.4.1　制度保障

自 20 世纪 80 年代以来，针对东深供水工程，广东省人大、省政府先后出台了《广东省东深供水工程管理办法》《广东省东江水系水质保护条例》《东深供水工程饮用水源水质保护规定》《东深供水工程水质安全保障与应急处置方案》等多项法规和规章。这些法规和规章范围上覆盖了从东江源头、东江流域到东深供水工程；内容上，包括水质保护、工程安全、水量调配；环节上涉及环境管理、污染治理、应急保障等。

18.2.4.2　机构保障

广东省和深圳市依法成立了省环保厅环境监察分局东江监察局、东江流域管理局、深圳市东深水源保护办公室和深圳市东深公安分局等东深供水工程安全和水源水质安全专门保护机构。这些机构纵向上上下联动，包括省政府部门、东江流域和工程沿线地方政府部门以及企业相关组织；横向上全面配合，包括水利、环保、公安等职能单位。粤港供水有限公司相应地成立了工程保卫和水质保护机构。设立保卫办，下设保卫组，负责工程安保工作；在供水工程沿线管理部设置水质室，配备专职水质管理人员，负责沿线水质监测和保护工作；建立经国家级认证的水环境监测中心，对水质进行监测和分析，及时掌握和应对水质变化情况。

18.2.4.3 防控措施保障

（1）建立机电备份设施。采取“双电源、双回路、不共塔”供电方案，保证电力供应不间断；泵站装备备用机组，保证供水生产不间断；除主用调度中心外，还设立了紧急备用调度中心，保证正常调度不间断；通信网络系统设置独立光缆，保证工程信息不间断。

（2）加强工程安全监测。除严格按规程规范对设施设备进行日常的人工巡检、观测、操作外，积极推进工程管理信息化建设，建立了日常巡检系统、安全监测系统、水情监控系统和图像监控系统，加强对设施设备运行状况的监控、监测和分析，以便及时掌握情况。

（3）建立安全评价机制。除按规定进行安全鉴定外，定期对设施设备的运行状况做分析评价。自2012年起，广东粤港供水有限公司委托广东省水利电力勘测设计研究院每年对东深供水工程进行一次全面的安全评估，对工程沿线设施设备的运行状况进行跟踪管理，防患于未然，确保工程的安全高效运行。

（4）建立联防联动机制。由东深公安分局和公司保卫办联手负责安保工作，在日常安保时期，配备民警、保卫干事和保安员，担负巡逻、值班（值守）任务和开展执法活动；同时，在东深公安分局设立110指挥监控中心，并与深圳、东莞两市公安系统联网，全方位、全天候监控工程安全；与部队、武警、地方治保建立联防联动机制，在特殊时期，加强对工程重点部位的巡逻和值守。为保供水水质安全，开展立体水质保护工作。

（5）建立水质预警机制。严把水质检测关，实时监测东江流域和供水工程水质，定期开展水质风险排查，定期进行污染源调查，及时报告环保部门开展整治。每天对东江取水口、深圳水库和供港水质进行检测；根据东江取水口水质自动监测系统的实时监测数据和人工巡查情况，对工程运行实行水质调度；建设生物硝化工程，在原水进入水库之前进行预处理，构筑第二道防线；开展水质科研，重点开展东江取水口水质变化规律研究、两库水生态系统和水质变化关系及对策研究；沿水库一级水源保护区实施围网、围墙隔离工程，实现封闭式管理，强化对水源地的保护。

18.3 对南水北调工程成本控制的启示

18.3.1 制度保障是南水北调工程的良性运营管理的基础

南水北调工程的良性运营和管理必须以内外部健全的制度为保障。在外部，调水工程运行涉及技术、经济、环境、社会、政治等多个领域，涉及国家、地区和部门等多方利益，其运行管理必须以相应的法律、法规为保障。在供水企业内部，需要建立一套切实可行、细致规范的管理制度和组织制度，通过制度保障和优化流程提升公司的经济效益。

广东粤港供水有限公司的运行管理和成本控制实践证明，完善政府法律制度，建立工程维修养护制度，明确供水管理制度与供水水价政策，对加强引供水工程管理、发挥工程效益至关重要。目前，我国针对有关调水工程建设、管理、运行、保护等方面的专项法律法规很少，特别是南水北调工程投入运行后，迫切需要建立健全相应的法律法规。为此，建议进一步研究制定相关规章制度，形成逻辑严密合理、涵盖调水工程运营管理的法规体系，使调水工程建设与运营管理工作逐步实现制度化、规范化、流程化、科学化。

18.3.2 企业化管理改制是南水北调工程扭亏为盈的发展方向

南水北调工程运行主体企业化管理是社会进步和供水事业发展的必然。《中共中央关于建立社会主义市场经济体制若干问题的决定》明确提出了产权明晰、权责明确、政企分开、管理科学的现代企业制度，这是国有企业改革的方向。要解决供水工程资金严重不足和动力不足的问题，改制是重要的手段和途径。对供水工程单位实行企业化经营管理，建立权责统一的现代企业经营管理制度，把责任和权利下放到企业，从成本控制转向成本分担，通过有效的考核制度提高经营管理的效能，从根本上解决体制不顺、机制不协调等问题，有效盘活资产，扭亏为盈。

南水北调工程运行主体企业化管理，其目的是把政府、供水企业和对社会的供水服务效率几个方面进行统一考虑。一是从政府角度来讲，通过改革改制，实现更加经济、优质、安全、可靠的调水供水。这是最核心、最基本的价值取向，而不是政府资金短缺时贱卖的“摇钱树”。二是从调水工程供水部门的角度来讲，通过改革改制，实现机制再造，即通过建立科学合理的现代企业法人治理结构，以达到提高供水效率、确保供水能力和供水质量的效果。这一点恰恰充分地体现出政府的公共服务职能。三是通过改革改制，政府能筹集一定的城市建设资金，并真正解决调水工程内部稳定性问题。

18.3.3　建设期与国际对标可以有效降低后期的养护费

调水供水工程建设投资项目长期存在决算超预算、预算超概算、概算超估算的“三超”现象。如果前期的工程质量不达标或者设计不科学，后期会产生巨大的工程养护维护费用。要解决这些问题，关键是要提高项目建设前期的工作水平。调水供水工程项目前期工作对整个项目造价有非常大的影响，工程项目前期工作直接影响项目的绩效。通常，项目前期工作做得好，完工项目的绩效就好，工程运行的养护维护费用也低。

对标，也称定标赶超或标杆管理，与企业再造、战略联盟一起被称为20世纪90年代三大管理方法。对标是一个不断与竞争对手及行业中最优秀的公司比较实力、衡量差距的过程。供水工程企业为改进工程建设，评价其现有的供水能力和工作流程，与具有代表性的最佳做法进行比较，是一个持续而系统的过程。调水供水工程前期建设工作对标的目的就是把最佳做法应用到工程项目前期工作中，以减少项目后期执行阶段的变更次数，从而提高项目的投资效率。南水北调工程项目改造和后期建设工作对标，可以借鉴东深供水工程，高标准、严要求，寻求与国际接轨的最佳做法，从而有效地降低和减少后期工程运行后的养护维护费、应急费、人工费以及其他各种高额的不可控费用。

18.3.4　智能化和信息化建设是降本增效重要手段

对复杂的大型跨流域调水工程系统而言，科学管理、优化运行、控制多项成本意义重大。广东粤港供水有限公司当前信息化程度较高，内部业务系统多达20套，如财务报账平台、安全管理系统、客服管理系统等，信息化系统已经融入粤港供水有限公司经营管理的方方面面，不仅包含粤港供水有限公司对安全、求实、创新、高效的核心价值观的追求，也渗透着粤港供水有限公司精益管理的理想。高度信息化建设对粤港供水有限公司的成本控制也起到了举足轻重的作用。

南水北调工程的多数供水单位没有凸显智能化和信息化控制成本、降本增效的明显效果。很多供水单位虽然建设了基础数据库，积累了大量数据，但尚不注重数据的整理和挖掘。系统建设方面缺少规范的自来水信息统一管理平台，子系统各自为政，信息的处理和流动只局限于本部门，不能在整个公司进行很好的共享，信息孤岛现象严重。因此，南水北调工程运营管理应该采用更多现代化的方式，以信息化建设为手段，建立并完善应用型智能化服务系统、配套服务设施、项目信息采集库、主要应用体系，确保工程效益可以充分发挥，降低工程运行管理的成本。

18.3.5　外包专业业务，聚焦主营业务，提高资金效益

与建立供水工程专门的养护维护服务队伍相比，将非核心业务承包给外部市场化机构，委托给专业的、资质水平较高的服务机构和人员，有利于节省和控制预算成本、机构运营管理成本，并且获得高质高效的技术服务。南水北调运营管理单位将专业性较强的工程任务和养护维修业务（如机电、水工设施、绿化等）外包给专业机构和单位，可以有效地节省人工成本和养护成本。集中精力和资金抓好主业，这有助于供水企业做大和做强。

对南水北调工程而言，业务外包的开展要求工程系统内部有专业管理能力的团队，一套切合实际、行之有效的管理模式，以及风险控制的相关机制，才能确保整个外包合同能够得到很好的执行和管理。在进行业务外包时，需因地制宜，区别对待：一是在不同投资背景和不同供水模式下，供水工程因不同的管理需求和考虑因素（经济因素、政策因素等），外包的业务类型不同，采取的业务外包模式也不同；二是在业务外包开展的不同阶段，选择不同性质的外部承包商，与外部承包商的合作

关系、紧密程度不同，对外部承包商的管理方式和考核方式也不尽相同；三是不同业务外包模式下，由于企业管理能力不同，面临和承担的风险和问题以及采取的解决措施也不尽相同。

18.3.6 有效的激励机制有利于提高工程的安全运营

广东粤港供水改造工程的管理经验证明，形成一种以目标管理为核心、以物质激励为基础、以精神激励为动力、以约束机制为保障的良好激励机制，对水利工程现代建设管理是极其重要的。建立有效的考核机制，奖惩并重，将个人的收入与企业的效益挂钩，有利于提高员工的工作积极性和工程安全责任心。

当前南水北调工程面临着新时代带来的机遇与挑战。只有坚持走可持续发展的道路，加快水利现代化建设的步伐，才能取得更大的发展。南水北调工程现代化建设包括组织框架建设管理的现代化，必须解放思想，更新观念，引进现代管理理论和手段，把激励机制有机地融入水利行业的管理之中，探索出一个适合我国实际的南水北调工程运营管理模式。

18.3.7 按市场规律因地制宜确定南水北调工程供水水价

广东粤港供水工程对香港的供水水价不仅考虑了国内水价成本因素，还考虑了工程投资金利率、水资源费、水保护费、香港货币通胀率和物价上涨指数等，并根据水价定出逐年浮动比率。对深圳市的供水水价，则根据当地的具体情况确定，形成了境内境外、工业农业、城市和农村多种价格特点，既符合国际惯例和市场经济规律，又确保了供水企业的财务收入。

南水北调工程的水价不能完全照搬东深供水工程的水价模式。香港经济发达，对水价的承受能力较高，而南水北调受水地区大多数经济不是很发达，可承受的水价在一定的范围内。因此，水价不能定得太高，随时间波动性太大。在实际运行调度中，可借鉴东深供水工程依据市场分类灵活定价的经验，科学制定合理的水价，必要时进行水市场交易，确保南水北调中线建设费用能够收回，维持调水工程管理企业的正常运行，避免水资源浪费。探索和研究增大终端用水量的路径和方法，通过用水量调整来实现南水北调工程降低成本的目的。

19　专题三：中国石油西气东输管道（销售）公司成本管控调研报告

中国石油西气东输管道（销售）公司（以下简称“西气东输管道公司”）是中国石油天然气股份有限公司直属的地区公司，负责西气东输管道工程建设、生产运营管理和天然气市场开发与销售等业务。西气东输管道公司在远距离管道工程建设和运营管理方面积累了丰富的经验，并形成了一套卓有成效的成本管控制度和机制。西气东输工程获得首届“国家环境友好工程”“国家开发建设项目水土保持示范工程”“新中国成立60周年百项经典暨精品工程”称号；西气东输管道公司荣获全国“五一劳动奖状”、国家科技进步一等奖、中国石油技术创新特等奖、全国模范职工之家、上海市文明单位等荣誉。课题组对西气东输管道公司的成本管控机制进行了专题调研，现将调研情况报告如下。

19.1　西气东输管道公司及行业基本情况

西气东输管道公司是随着国家西气东输工程的建设发展而不断成长壮大的。2000年3月8日，西气东输工程项目经理部成立；2001年4月22日更名为西气东输管道分公司；2003年9月27日，西气东输销售分公司成立，西气东输管道分公司和西气东输销售分公司实行合署办公，均在上海浦东新区注册。西气东输管道公司总部于2005年12月25日由北京搬迁到上海。公司在上海的机关设14个职能处室和市场开发与销售部，3个机关附属单位，下设17个所属单位，3个工程项目部，3个股权管理单位，共有员工3600多人。

目前，西气东输管道公司运营管理2条干线管道（西气东输一线甘宁交界—上海段、西气东输二线甘宁交界—广州段），9条支干线、7条联络线、15条支线，管线总长11070千米；2座地下储气库（金坛、刘庄）、1 个计量测试中心；158 座站场，压缩机组 80 台套，439 座线路截断阀室。公司管线途径 14 个省（市、自治区）及香港特别行政区，截至 2016 年 6 月 30 日，下游销售及分输用户 320 家，供气范围覆盖西北东部、中原、华东、华中、华南地区，并向华北、西南地区转供天然气，形成了塔里木、柴达木、长庆、川渝 4 大气区以及中亚、中缅、进口 LNG 联网供气格局。公司运营管理的管线点多线长，人员高度分散，工作环境艰苦，安全生产风险控制难度大，单个基层单位独立性强。

截至 2015 年 8 月底，西气东输管道公司累计实现天然气输送量 2846 亿立方米，使天然气在我国一次能源消费结构中的比例提高了 1 个百分点以上，占我国新增天然气消费量的 50%，可替代标煤 3.70 亿吨，相当于减少 1735 万吨有害物质、12.52 亿吨二氧化碳酸性气体排放，使沿线 140 多个城市、3000 多家大中型企业、近 4 亿人口从中受益。[①]

19.2　西气东输管道公司成本构成情况

西气东输管道公司经营成本主要包括输气成本和其他业务成本。输气成本是指通过输气管道输送气体介质过程中所发生的各项直接和间接支出，主要包括辅助材料费、能耗（燃料、动力、输气损耗）支出、人员费用、维护及修理费、折旧及摊销以及其他围绕输气作业成本发生的各项管理性支出。其他业务成本是指公司除主营业务之外的其他业务所发生的各项直接和间接支出（图 19.1）。

近年来，除人员费用基本保持不变外，其他输气成本都随着管线长度的增加，呈刚性增长的趋势。

19.2.1　能耗成本快速增长

随着管输能力的提高和管输量的增加，电驱压缩机组、燃驱压缩机组开机台数和开机时间大幅增加，能源消耗增加迅速。由于电驱压缩机和燃驱压缩机耗能巨大，加之目前国内能源供应紧张，电力、燃气等能

① 资料来源：http：//www.cnpc.com.cn/cnpc/zgsyqhjs/201509/41319d24d56742c7947b2653a-84cd140.shtml.

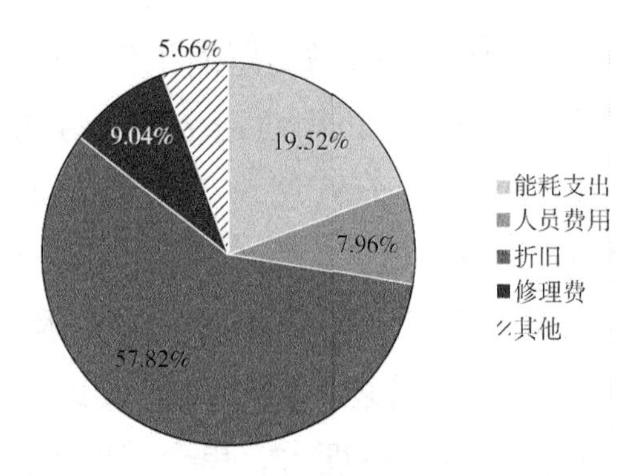

图 19.1　西气东输管道公司主要成本费用构成

源价格呈上涨趋势，能源消耗量的大幅度增加以及电价、气价的上涨导致能耗成本的持续刚性增长，耗气量和耗电量相对于输气量的增幅呈非线性增加趋势。

19.2.2　维护及修理费逐年上升

维护及修理费的增加主要有如下原因：一是随着近几年各省最低工资标准的不断提高，与其关系密切的巡线员费用刚性增长明显；二是西二线压缩机陆续投产后，公司机电设备维修费逐年上升；三是伴随着压缩机的投产，外电线路维护费用也在逐年攀升；四是随着管线运营时间的增加，加上管线安全环保要求的提高，相关的费用刚性增长态势将更加明显，成本管控的压力进一步加大。

19.3　西气东输管道公司成本费用的特点

19.3.1　能源成本每年呈现刚性增长

随着电驱压缩机组、燃驱压缩机组的投产和输气量的不断增加，能源消耗增加迅速。由于电驱压缩机和燃驱压缩机耗能巨大，加之目前国内能源紧张，电力、燃气等能源价格的上涨趋势不可避免。

19.3.2　随着设备不断投入运行和设备运行时间的增加，其维护保养费用也将随之大幅上升

由于公司管道建设标准较高，所选用的主要设备都是进口的，进口

配件和设备返厂大修费用相当高。另外，由于公司的管理特点，新的资产不断投入运行，所需的专业化技术服务支出也随之逐年增加，随着国家各项法律制度和行业要求的不断收紧，需要支付的各种专业技术服务费也逐年增加。

19.3.3 潜在的安全保护费用逐年增加

管线途经戈壁、湿陷性黄土塬、山西煤矿采空区、江南水网等地区，拥有大量的隧道和穿跨越设施，三穿黄河、一穿长江，涉及的险工险段和地质地貌复杂程度罕见，潜藏着大量的风险。特别是近年来部分地区经济迅速发展，以第三方施工为代表的影响管道安全运行的因素逐年增加，高危险区越来越多，加之管线压力大和西气东输对国家经济社会的影响，一旦出现事故，势必造成严重的后果。因此，防范安全风险必须放在第一位，那么，相应的安全保护费将保持在一个较高水平。

19.3.4 成本费用自身的产生有着不确定性和不均衡性

长输管道的运输成本是一个较完整的成本概念，它不仅包含了制造成本的一部分，而且还把分公司那些期间性费用进一步纳入成本核算的范围之内。另外，由于长输管线穿越地形复杂，存在难确定、难控制、不可准确预测的特点，输气管道的系统可靠性与运行的负荷性、安全性、连续性、平稳性等都密切相关，影响长距离天然气输气管道运行安全的因素有管道腐蚀控制、施工质量、设备管理、人为破坏以及意外事件等，因此，长输管道的安全运营成本和事故隐患的维修成本计量难度大。管线途经 14 个省（市、自治区），与地方政府、企业等协调沟通需投入大量的人力、物力和费用，特别是在征地补偿等方面矛盾凸显。

19.3.5 员工培训费用持续维持在较高水平

由于人员流动性较大，对员工上岗资质和条件的要求日益严格，对新设备、新技术的使用要求以及培训费用支出始终呈现较高水平。

19.4　西气东输管道公司成本管控的主要做法及经验

成本费用的管控一直都是西气东输管道公司财务管理的重中之重，也是有效确保公司取得一定经济效益的关键。西气东输管道公司针对公司成本构成的特点和运营管理的需求，逐步形成了一整套行之有效的成本管控制度和实施办法，其主要做法和经验如下。

19.4.1　加强成本管理基础工作

（1）根据公司预算管理办法和成本费用管理办法制定了公司维护及修理费管理细则、管理性支出实施细则等管理规定。

（2）结合公司实际，建立各项费用预算限额和维修费定额，为核定分解成本费用预算指标提供了依据。例如，将维护及修理费按照 9 大类细分为若干子项，作为定额项目，每一定额项目都规定了维修范围和内容，在规定的范围内确定维修定额。

（3）实行责任预算制度，加强成本控制。责任预算制度是保证成本费用控制的行之有效的管理制度，只有责任得到落实，才能保证执行，成本才能得到有效控制。

（4）结合自身的管理特点，制定符合自身实际需要的成本费用管理制度。根据公司业务的性质和特点，对维护及修理费分为定额修理费、专业技术服务费（即专业化技术支持费用）、专项维修费三部分，并制定了相应的管理细则，确保细则的有效实施。

（5）注重科学决策，提高预算编制下达的科学性。例如，为确保管线安全，合理安排专项维修费用，从 2005 年开始，公司管道处等专业部门每年组织专家对管道的风险控制点进行排查分析，研究对策，将其提出的解决方案作为编制安排专项维修计划的直接依据，保证维修费支出的科学性、合理性，对确保管道安全、平稳运行起到了良好的保障作用。

19.4.2　加强成本费用发生过程控制

（1）各部门在签署合同前要先落实相关成本费用预算，从根源上杜绝预算外支出。

（2）对费用支出严格把关，实施联合审查。联合费用审查体现了费用审查的公开透明，各部门共同参与，有效控制了成本。

（3）在费用开支方面，加强合同化管理。公司实行开放式管理，除日常经费开支外，大部分运行专业维护、生产运行系统检查、检定，所有的大修理工程都委托专业公司和施工队伍、设计、监理单位。在委托外单位服务时，要按照公司合同管理办法的规定签订服务合同。

（4）在成本费用核算方面，按照部门或生产运行的最小单元核算，尽可能提供详尽的成本核算资料。

（5）采取招投标制、竞争性谈判等方式控制并降低外委服务性支出。

（6）优化运行，加强能源消耗管理。随着管道输气量的逐步提升，压气站及压缩机组运行数量增多，管道耗能量与输气量呈非线性增长关系，管道耗气量及耗电量费用占总输气成本的比例越来越大，在达到170亿输气量的情况下，管道自耗费用将占到成本的50%左右，因此，对管道运行方案进行优化，可以大大降低输气成本。研究表明，优化运行方案，将使运行费用降低12%。

（7）加强计划性维护和预防性维护，降低维修成本。对设备进行定期检修，对通信系统、自动化系统、压缩机运行等生产运行系统进行日常维护保养和春秋检，使生产设备和运行系统保持完好状态。

（8）针对西气东输管网，合理安排维修物资储备，减少仓储支出和调运支出，并确保安全生产所需。

19.4.3　制定相关领导绩效指标配套考核细则

为了把成本费用控制落到实处，西气东输管道公司制定了相关领导绩效指标配套考核细则，在细则中明确了单位现金管输成本、部门成本及管理费用指标5项费用指标的考核细则。细则明确了考核权重和考核分数，并与领导绩效挂钩，加强各分管领导对成本管控的重视程度。

19.4.4　积极开展“开源节流、降本增效”活动

西气东输管道公司制定出台关于深入推进全面开源节流、降本增效工作的实施方案，从15个方面、30条配套措施入手提出公司开源节流、降本增效具体措施，包括：全面深化改革，进一步完善管理机制，向改革要效益；强化全面预算管理，增强预算的导向和价值引领作用，努力提高成本费用使用效益；精细生产运行管理，严控成本费用支出，坚持低成本发展策略；加强投资关键环节控制、优化投资模式、提高投资回报；优化物资管理、压缩采购成本、控制物资库存，强化资产轻量化管理等生产经营各个方面。

19.4.4.1　加强节能减排管理，持续开展节能降耗工作

能耗支出占公司现金成本的45%以上，有效控制能耗支出对降本增效具有重要意义。西气东输管道公司高度重视此项工作，从压缩机组运行、节能改造、日常节能节水管理等方面采取了一系列措施，取得了很好的成效。

（1）深化管网运行分析，开展能耗趋势预测，制定科学合理的运行方案，有效降低了能耗水平。

（2）梳理优化电驱压气站基本容量费缴费模式，降低公司电费成本。

（3）积极利用国家直供电政策，降低电费支出。

（4）加强自用气管理，有效控制管输损耗。加强关键进出站场及转供点计量设备设施的管控工作，特别是加强自耗气及注采气计量管理、临时计量和小流量计量额的管理，同时在必要时启用备用路分输等管理措施，从各条管线到各输气站点处处严控输气损耗。

（5）继续推广实施节能改造项目，如站场排污改造，加热器、加热炉等站场用能设备温度控制采集点改造等。

（6）开展RR压缩机组喘振优化研究。

19.4.4.2　精细化生产运行管理，严控成本费用支出

通过系统性分析，西气东输管道公司提出各相关部门通过精细化管理的降本增效目标，并要求各部门制定具体措施，确保将降本增效目标

落到实处。同时，加强资金管理，提高使用效率，利用利率差，降低财务费用支出，积极跟踪研究国家财税政策调整动态。

19.5 调研对南水北调工程成本管控的启示

19.5.1 正确认识成本控制的目的

成本控制的目的是合理安排支出，确保支出最大可能用在合理的地方，而不是单纯地绝对降低支出。对长距离输水企业而言，最大的效益就是安全和质量，合理安排成本支出，必须在确保输水安全、平稳运行所需的基础上进行，否则就是最大的无效支出。南水北调工程应该结合各运营公司的发展情况实事求是地通过较为科学合理的成本管理办法控制成本费用，确保资源配置最优。

19.5.2 建立一套完整的成本控制体系，实行全过程成本控制

强化全面预算管理，实行责任预算制度，增强预算的导向和价值引领作用，努力提高成本费用使用效益。通过招投标制、竞争性谈判等多种方式，在委托服务采购中引入竞争机制，降低委托服务成本。

19.5.3 增强成本管理的信息化支撑

目前，天然气管道建设普遍实现了 SCADA 系统、工业电视等系统，实现了管道生产管理自动化检测、处理和控制。信息与通信技术（ICT）的最大优势在于其对数据的获取、传输、共享和管理能力。在成本管控方面，南水北调工程应加强对 ICT 技术的应用，充分利用最新的物联网技术、云计算、大数据、空间地理信息集成技术，将财务系统与专业系统进行对接，建立智慧化的财务管控平台，为实现成本管控目标提供信息化支持。

20　专题四：高速公路运营公司的成本控制与管理经验

20.1　高速公路运营公司的业务内容及管理模式

20.1.1　高速公路运营公司的业务内容

高速公路运营公司是指经国家特别行政许可，取得公路特许经营权，以路桥收费、沿线服务区经营、广告经营等为主营业务的营利性公司制企业。高速公路运营公司为驾乘人员提供高质量的运输服务，它所有的经营业务都是围绕提供服务这个核心展开的。高速公路运营公司经营管理的内容包括收费管理、道路养护、路政管理、服务区开发与综合管理。

20.1.1.1　收费管理

收费管理岗位是高速公路运营公司对外的形象窗口。高速公路运营公司通过设置收费站点，利用人工及相关技术设备，向过往车辆征收通行费用，以筹集建设资金和运营管理资金。收费管理是一系列活动，包括确定收费政策、选择收费方式、设置收费站点、配备收费人员、管理收费票证等。

20.1.1.2　道路养护

道路养护主要是指高速公路运营公司为维护因车辆、人为、自然力所造成的高速公路及其附属设施的损坏而采取的作业行为。道路养护通常包括对路基、路面、桥涵、隧道、公路围栏等公路沿线的维修与养护、公路沿线的绿化养护、应对突发情况或自然灾害的抢修及交通恢复等。

20.1.1.3　路政管理

路政管理包括高速公路沿线通信监控管理和道路交通安全管理。高速公路通信网络主要由光缆传输线路、程控交换机、网络设备及无线通信系统构成，实现沿线信息沟通、业务联络；通过摄像头、车辆检测器等设备实施道路运行状况监控。道路交通安全管理包括车、人、路三方面的管理内容，具体体现为引导车辆、驾乘人员，建设交通安全设施，维护施工作业现场秩序，交通管制，救援清理以及故障车辆牵引等内容。

20.1.1.4　服务区开发、综合开发管理和增值服务

高速公路沿线的服务区开发和服务是目前高速公路运营企业的一个利润增长点。服务区提供餐饮住宿、休闲娱乐、旅行用品销售、加油维修、停车清洗等服务。综合开发是充分利用沿线土地资源，从事土地开发、物流中转、广告、运输信息咨询、花卉苗圃等多种项目经营。增值服务是针对车乘客户提供增值服务，如车票代购代售，投币式手机快速充电，电影、音乐下载等服务。

20.1.2　高速公路运营公司的成本构成

成本是为达到一定目的而付出或应付出资源的价值牺牲，它可以用货币单位加以计量。根据《高速公路公司财务管理办法》的规定，高速公路运营公司在高速公路通行期间发生的与高速公路运营有关的支出，计入运营成本。目前，大多数高速公路运营公司的营业收入主要由通行费收入构成，其他业务收入占营业收入相对较少。高速公路运营公司的成本可以按照内容进行分类，包括养护成本、征收成本、路政成本、路产折旧及无形资产摊销、营业税金及附加，以及期间费用，期间费用又包括管理费用和财务费用（图20.1）。

养护成本一般根据业务内容开设以下明细科目：日常养护和大中修，公路灾害预防及抢修成本，安全和通信及监控设施的维护成本，公路绿化成本，养护人员的工资、福利费等。

征收成本一般根据业务内容开设以下明细科目：收费员基本工资、福利费，设施设备折旧费、维修费用，耗材费用（汽柴油、墨盒、空白票据等）。

路政成本一般根据业务内容开设以下明细科目：路政人员工资、福利费用，路政设施折旧、维护费等。

路产折旧及无形资产摊销包括沿线公路设施折旧摊销，如围栏、摄

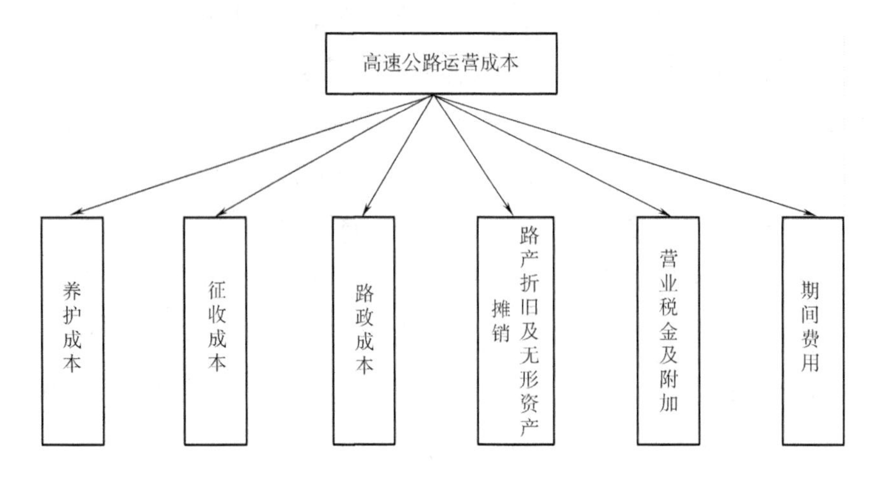

图 20.1　高速公路运营成本构成

像头、监控系统、经营权摊销。

期间费用包括管理费用和财务费用。管理费用包括公司管理过程中发生的办公业务经费、招待费、差旅费等；财务费用包括筹资的利息支出、利息收入、汇兑损益。

20.1.3　国内高速公路运营公司的主要管理模式

当前，我国各省级区域现行的高速公路运营公司管理模式大多是充分考虑本区域所辖路段的运营管理状况以及公司自身的特征，借助普通公路的运营管理模式做其参照摹本，根据所能取得较好的效益，并且是在良好配合的基础上逐步构建的。具体来说，国内高速公路运营公司的管理模式可分为事业型管理模式和企业型管理模式。

20.1.3.1　事业型管理模式

事业型管理模式一般采用政府主管机构模式和高级别高速公路运营模式。政府主管机构在高速公路运营中全盘负责，这样可以避免政府有关机构之间相互推诿、服务管理绩效不高等问题。这种运营管理模式管理的高速公路又可细分为以下两类：

（1）交通主管部门统一领导，公路管理机构实行行业管理，路段公司或事业管理处负责具体经营管理。采用这种管理模式，省交通主管部门对全省内的高速公路实施宏观管理，同时明确高速公路行业管理职能由省公路局全面承担，高速公路各路段由企业性质的公司或省交通厅直接设立的事业管理单位负责管理。辽宁、浙江、上海等地均采用这种管理模式管理高速公路。

（2）交通厅下属高速公路管理局直接管理，省交通厅设置下属省公路管理局对全省大多数高速公路进行管理，其余少数高速公路的路段由企业负责经营，但高速公路管理局负责少数路段的行业管理。采用此种模式的省份有山东、江西、宁夏、新疆等。

这种事业单位负责大部分高速公路管理的模式，可以避免管理主体多元化带来的协调工作的难处，可以按照政府的意图进行高速公路管理，避免缴纳企业必须承担的各种税务费用，节约高速公路的管理费用和成本，保证高速公路的社会效益。

20.1.3.2　企业型运营管理模式

企业型运营管理通常借助专业化高速公路运营单位管理高速路，通过委托代理关系的确定，借鉴境外相关委托代理运营管理的成功案例，运用特许公司制模式管理、监督和协调，成立能切实全面负责高速公路运营管理的特许经营的总负责单位，依据高速路段划分组建多个子公司的模式。采用这种模式可以彰显高速公路公益属性的典型特点，使高速路的运营服务满足社会经济进步的要求。在我国，企业型运营管理模式可细分为以下两类：

（1）由集团公司统一管理。这种管理模式是高速公路投资融资体制改革进一步深化的产物。这种管路模式又包括两种情况：一种是省级人民政府直属管理集团公司，一种是交通主管部门管理集团公司。高速公路运营公司是该模式下的特许经营公司，特许经营公司是独立经营、自负盈亏的实体，在遵守国家法律法规的前提条件下，按照现代企业制度的运作要求，把高速公路当作一项产业来经营管理。该模式顺应了交通投资体制改革的要求，由政府、企业和社会共同投资修建高速公路，真正体现了按经济规律办事。例如，江苏管理资源重组后，成立了江苏交通控股有限公司，负责江苏省境内高速公路的筹资和经营管理。

（2）交通主管部门统一管理，各路段或各管理段成立公司负责经营。这种管理模式能够保证高速公路建设和管理的一致性，降低管理成本，能较好地贯彻政府的长远规划，充分发挥交通主管部门在各个方面的优势。四川、云南和天津均采用此种管理模式。

20.2　山东高速集团运营成本控制与管理经验

20.2.1　山东高速集团基本概况

山东高速集团主营业务有高速公路、桥梁、铁路、港口、机场的建设、运营、维护、管理、开发以及铁路、高速公路沿线综合开发，土木工程及电子机械的设计、科研、咨询、施工；建材销售、材料租赁、广告业务以及金融服务行业。目前，山东高速集团拥有控股子公司18家，含上市公司两家。山东高速集团还控股全省首家区域性商业银行；控股负责全省地方3800公里铁路投资建设的山东省铁路建设投资有限公司；具有对外合作经营资格的建设总承包一级资质的中国山东国际经济技术合作公司；参股实施国家山东半岛蓝色经济区战略投融资平台的山东海洋投资有限公司；以及股权管理与投资平台山东高速投资控股公司等18家经营领域多元、资产规模雄厚的权属二级法人单位或企业集团。

2012年年底，山东高速集团是山东省资产规模最大的企业集团。经营管理的高速公路超过1700千米，在建500千米；经营管理全省地方铁路482千米，在建743千米。

近年来，山东高速集团根据山东省委省政府的指示，以打造“三化一型”——现代化、高效化、科学化的新型企业集团为事业的新起点，大力实施“走出去”战略，投资建设四川、云南等省市的运营型高速公路。“十三五”期间，山东高速集团围绕科学发展观，转变企业发展方式，调整内部资本结构，紧紧围绕产业链整合的中心任务，提出了以高速公路运营为本，大物流、大制造、大资源、大建设为支撑的“一本四大”多元化发展战略，推进跨越式发展，力争在“十三五”末进入世界五百强行列。

20.2.2　山东高速集团成本控制的做法与成效

山东高速集团采用企业型运营管理模式，保证了山东省高速公路运营过程成本管理更加规范化、市场化。高速公路的服务水平不能一成不变，在运营过程中进行成本管理时要紧紧围绕适应性、社会性、科学性以及经济性原则展开，山东高速集团运营过程中成本管理的主要做法和取得的成效具体如下。

20. 2. 2. 1　管理一体化及其成效

山东省高速公路集团由山东省交通运输厅的全权管理，与高速公路相关的职能归口于集团，如建设运营或者路政管理等。可以明显地看到，这种职能归口是针对现行高速公路管理中存在的弊端进行深化调整与改革，对高速集团的职能给予正式的肯定，使山东省高速公路管理集团化、一体化以及规模化。目前而言，山东省高速集团管辖的高速公路多达 11 条，计划全省高速公路网络于 2020 年全面实现，管辖公路数量将翻一番。长远来看，“一路一处”的管理模式已经不符合先进省高速公路发展的需求，而且其中诸如管理效率低下、管理半径过小以及管理机构臃肿等弊端逐渐扩大，不仅不利于高速公路的良性发展，也难以满足集中、高效管理的需要。因此，要以一切从实际出发为工作原则，重新规划布局当前的高速公路路网结构，以路网、区域管理为原则。结合山东省路段完整性及地域命名等现象，对高速公路实施区域管理，主要工作交由多个路段管理中心全权负责。管理的一体化能够使成本管理工作的开展更加便利、高效。

20. 2. 2. 2　推行营销服务及取得的成效

目前，我国交通运输网逐渐完善，民航与高铁的飞速发展为我国民众出行提供了绝对的便利，这也导致我国运输经营企业间的竞争更加激烈，“等车上路”的原则发生了质的变化。市场营销理念不再只是市场经济的理念，如今高速公路管理部门也不断引进这一思想，争取在与同行的竞争中占得先机。到现在为止，做好服务依然是山东省高速公路事业的必要前提，收费窗口的微笑服务受到了众多民众的好评。

服务营销理念也贯穿于高速公路运营公司的各项工作之中，科学合理地运用多媒体网络功能，打造自己的品牌服务，在各个高速路段网格传播信息，引导车辆正确通行，成绩卓著。高速公路顺畅的运营不仅要做好收费窗口，而且要将营销理念的适用范围无限扩大化，促进营销服务体系的完善。就目前高速公路的发展而言，还不能够与铁路、民航进行抗衡，因此，需要发展具有自身特色的服务，吸引更多的用户选择高速公路出行。

（1）提高高速公路的综合服务水平。第一，高速公路路况服务水平的提高尤为重要，路况巡查工作不能松懈，养护道路的资金需合理使用，美化、绿化道路的工作也要及时开展，要致力于用户能够得到舒适的路况，不定时地进行路况维修工作等。第二，收费站收费服务水平还需要提高。引进目前国内外先进的收费服务体系，推行站长带班与预约服务体制，人员、方案与设备必须到位，责任、分工与目标也必须得明确。其中，复式收费点的采用需要根据车流量的情况而定，这是为了保障收费道口的车辆能够顺畅行驶，尤其在节假日期间，车流量异常猛增。此外，还可以利用多媒体网络，为用户打造个性化的定制服务，使他们能够通过多媒体网络平台查询信息，了解道路的实时情况等。

（2）根据高速公路沿线经济情况增设专用收费通道。高速公路不断向更深层延伸，使山东诸多贫困地区的窘境得到改善，许多前发展的地区早已脱离贫困，促使地方经济的崛起。凭借高速公路的先天优势，拉近了山东省周边城市的距离，导致诸多运输大县遍地横生，它们将自己本土的绿色产品运往全国各地，带动了当地农业的快速发展。针对这一现象，高速公路确实利大于弊，因此要对运输农产品的运输队实施减免通行费用，并出台更多的优惠政策，从根本上促进当地经济的发展。

（3）充分利用省内资源优势。山东省幅员辽阔，资源丰富，而且是旅游大省，高速公路部门不得不将这些得天独厚的优势利用起来，并加强当地政府间的联系，凭借当地丰富的物产资源拓宽自己的经营项目，实现互惠互利。其中，对高速公路收费人员的服装有所要求，从外在包装上要凸显地域特色，使高速公路收费人员成为山东省一道靓丽的风景线。此外，高速公路服务区要发挥自身的优势，积极开展具有当地特色的活动，汲取更多的企业家在服务区从事餐饮服务业，客流量的扩大带来经济效益的不断提高。最后，将展销活动设立于服务区，推广自己的产品。服务区也能够与实力雄厚的旅游公司合作，推动当地旅游业的发展。

20. 2. 2. 3　推进养护体制改革及取得的成效

目前看来，山东省各高速公路都有着自己独特的养护模式，不过它们也有相同之处，即都设立了养护公司。建立高速公路管养一体化的体制，垄断经营尤为凸出，计划性与指令性贯穿于管理工作中。况且随着市场化的壮大，反而促使高速公路养护与养护施工企业的市场化更为显著。所以当以从长计议，若想要符合市场化的发展趋势，就要积极进行体制改革工作。

（1）实现管养分离。养护的管理职能与养护施工极易混淆，因此需要权责分明，养护施工队伍的建设必须是单独存在的，高速公路管理单位只需要专业性较强的技术人员便可，它是以业主的形式对高速公路实施养护管理，将高速公路的施工、维修以及养护工作一并交由养护公司负责。

（2）实现养路不养人。养护作业交给养护公司进行，因其专业化、社会化更显著，使施工方与管理方的关系不再是上下隶属，这样一来不仅能够避免养路又养人的弊端，又能够提高高速公路人员的工作效率。

（3）提高全寿命周期养护水平。高速公路同样有着自己独特的养护方法，主要是预防为主、防治结合。必须通过有力的改革工作，将先进的制度结合起来，这样才能将预防性养护工作全力做好，其中，高速公路使用寿命以及相关设备的使用寿命需要得到延长，需要合理应用延缓技术，控制养护成本。

（4）提高养护管理的效率。把养护管理体制从改革中剥离出来，打造具有自身特色的养护管理体系，致力于拓展养护市场，引入市场竞争机制，将质保体系与绩效考核融入其中，提高养护生产效益和资金使用率，最终实现提升养护管理的水准。

20. 2. 2. 4　大力发展辅业及带来的成效

目前来看，高速公路运营企业主要将通行费作为经济收入。我国《收费公路管理条例》明确规定，30 年为高速公路的收费期限，延长期限也不会太长。我国经济发展非常迅猛，高速公路免收通行费也不无可能。现如今，高速公路已经成为道路通行的主要形式之一，其商业价值不容小觑，这种影响已经深入人心。因此，高速公路经营企业不能墨守成规，要不断创新经营理念，将其中的资源进行科学合理的使用，打造高速公路的现代发展模式，从而体现自己的价值。通俗地讲，高速公路的辅业形式不胜枚举，服务区只是一小部分，发展空间非常大。我们要对高速公路的实况进行细心分析，致使诸多高速公路辅业得到更大的发展。

（1）大力发展服务区产业。我们可以根据消费需求原理，明确分析高速公路，其需求大致上能够为 3 种类型：车、货以及人的需求。通俗地讲，车的需求就在高速公路上行驶需要维修、加油或停车等；货的需求则是集装、贮存以及中转等；人的需求是行驶在高速公路上需要饮食、住宿、购物以及旅游等。这也是高速公路一定要建设服务区的原因了。我们把视角放到服务区上，其科学合理的使用高速公路的资源，将价值链的利益不断放大化，从而带动高速公路企业的发展，这是企业利益的绝对保障，同时也为高速公路日后的发展定确定了方向。

（2）大力发展高速公路广告产业。要想将高速公路广告产业做大做强，就需要不断扩大车流量规模。以山东省为例，目前高速公路的车流量比较松散，而且分布不均匀。所以，山东省高速公路广告产业的发展速度缓慢。那么，就要将其广告产业的发展状态视为一个长期的工作。首先，优化当地资源，占据市场的存在率。以《山东省高速公路路线广告设置总体规划》作为指导思想，发掘创新广告资源，扩大市场。其次，企业积极向资源化转型，借助得天独厚的资源优势，不断进行市场扩张，高速公路广告产业才能做大做强，逐渐由外向内延伸式开拓市场。积极营造有自己鲜明特色的品牌服务，以品牌服务作为指导，致使高速公路广告发展水平逐渐提高，广告产业也要积极完成优化升级，打造媒体效应，促进广告产业的发展。

20. 2. 2. 5　强化法律保障及取得的成效

高速公路运营管理模式需要进一步优化，运营管理相关法律法规的制定更加重要。因此，要与时偕行，建立适合现行状况的法律法规，保障高速公路运营管理的顺利进行，并且管理体系和体制要极力做到统一化。

（1）健全高速公路运营管理法律法规体系。我国高速公路运营管理的法律法规还不完善，有许多不足之处，缺位现象较严重，致使高速公路运营管理的可操作性得不到保障。相关机构要尽早出台与《公路法》相匹配的高速公路运营管理方面的法律法规，彻底清除混乱的管理现象，做到有法可依。以高速公路广告相关法规的制定为例，以江苏省政府为代表，2012 年，江苏省出台了《高速公路沿线广告设施管理办法》，它不仅明确划分了高速公路广告经营的“禁区”，而且对全国高速公路广告的运营管理影响颇深，更是全国首部针对高速公路广告经营的相关法规。这个办法足以让山东省拿来借鉴，从而推动高速公路有法可依的进程，打造良好的高速公路运营环境。另外，制定高速公路特许经营以及路政执法相关法律的力度也不容小觑。

（2）建立有效的监管体系，发挥行业规范的作用。首先，应进行道路立法，带动高速公路管理法制化的发展，高速公路运营管理行为的规范，能够为高速公路建设提供良好的社会环境。其次，不断摸索高速公路行业管理体制，采用目前国内外先进的管理经验方法，诸如行业归口、建管一体以及横纵管理等体制。最后，对行业的正确引导、整体协调，将高速公路用户的利益作为保障自身发展的唯一价值指标，强化高速公路服务体系，需要得到高速公路运营管理单位的重视。行业整体服务要跟上高速公路发展的步伐，其间需要加强信息服务与技术服务等，理清行业之间的关系尤为重要，打造具有自身鲜明特色的品牌服务。

20.3　高速公路运营公司成本控制对南水北调工程的启示

20.3.1　精简机构，统一协调成本控制

山东高速集团推行高速公路管理一体化，使成本管理工作能够开展得更加高效、有序，南水北调工程规模较大，组织结构复杂，所以精简机构，简化管理程序，变两级项目管理为一级项目管理，可以节省管理费用开支。适当转变管理部门职能，使成本管理工作做到统一、协调、高效，成本控制贯穿于生产经营的全过程。可以设置成本管理办公室，其中包括成本核算部、财务部、物资采购部、设备管理部、劳务管理部。成本核算部的主要业务为：①建立工程收入环节责任成本，以此作为工

程项目成本计划的依据；②建立物资采购、进场验收入库领用环节的责任成本；③建立劳动力、机械消耗环节的责任成本；④将各环节责任成本分割到每一个分项工程；⑤根据以上分割数据，确立作业班组的责任成本，并细化工料机用量；⑥建立考核办法，定期会同财务部门对物资采购、设备租赁、工费支出等对照各项责任成本进行考核。

20.3.2　建立合理的奖惩制度，树立成本控制理念

高速公路的管理制定了明确的管理规范，在明确责任成本的前提下，实行奖惩制度，使真正降低了成本的单位和个人得到真实的利益。南水北调工程运行过程中也应建立合理的奖惩制度，将降低成本的直接效果在各个环节显现出来，使下属单位和职工感受到降低成本的实际效果和意义，无形中树立了节俭光荣、浪费可耻的责任意识，使成本控制不再是一个单纯的管理问题。

20.3.3　加速“政企分开”，推进企业市场化建设

山东高速集团的运营管理模式为企业型运营管理模式，有助于充分发挥高速公路运营管理主体的能动性和创造性，引入了市场竞争机制。南水北调工程应该采用政企分开的制度。政企分开制度的执行主要是为了最大限度地减少政府对供水企业的干预，并且减轻企业为政府承担的高额供水成本。在市场经济条件下，企业要想在管理方面有优越的成绩，就需要根据自身情况进行市场化建设，对市场供求进行全面的分析，分清发展过程中政府和企业相互之间的职责，包括企业未来发展道路与企业管理的政策方针等。

20.3.4　大力降低供水成本，提高供水企业的运行效益

供水企业要加强预算力度，就要制定符合企业生产经营的各项管理活动，有效地降低企业的工程成本，增加企业的收入。供水成本的管理需要在日常范围内对各项预算管理制度加以预测，为企业提供良好的内部环境，然后对企业预算的执行效果进行全面的监督和评价，以此来提升管理执行力度，不断降低供水企业的供水成本，提高企业运营效益。

参考文献

［1］沈滢，毛春梅. 国外跨流域调水工程的运营管理对我国的启示［J］. 南水北调与水利科技，2015（2）.

［2］王映福. 大型调水工程良性运营的具体政策建议［J］. 经济师，2011（9）.

［3］付凌，周文军，刘春时，等. 国内外跨流域调水工程对南水北调中线运行管理的启示［C］//中国水利学会. 中国水利学会 2015 学术年会论文集（下册）. 2015.

［4］徐元明. 国外跨流域调水工程建设与管理综述［J］. 人民长江，1997（3）.

［5］肖琦，袁汝华. 国内外跨流域调水工程管理体制分析［J］. 水利经济，1997（1）.

［6］王海潮，蒋云钟，鲁帆，等. 国外跨流域调水工程对南水北调中线运行调度的启示［J］. 水利水电科技进展，2008（2）.

［7］蒋国富. 国外跨流域调水经验对我国南水北调中线工程的启示［J］. 世界地理研究，2006（4）.

［8］王吉勇. 跨流域调水工程和谐建设与管理体制研究［D］. 杭州：浙江大学，2008.

［9］于洪涛. 跨流域调水定价与调整机制研究［D］. 郑州：郑州大学，2010.

［10］汪秀丽. 国外流域和地区著名的调水工程［J］. 水利电力科技，2004（1）.

［11］张力威，徐子恺，郭鹏，等. 澳大利亚雪山工程水质安全与运营管理经验及思考［J］. 南水北调与水利科技，2007，5（2）.

［12］李学森，于程一，李果峰. 澳大利亚雪山调水工程管理综述［J］. 人民长江，2008，39（6）.

[13] Pawley S，杨永辉，杨艳敏，等. 雪山工程：水力发电与跨流域调水综合工程 [J]. 南水北调与水利科技，2007，5 (2).

[14] 高德刚. 南水北调工程运行管理研究 [D]. 泰安：山东农业大学，2007.

[15] 白景锋. 跨流域调水水源地生态补偿测算与分配研究：以南水北调中线河南水源区为例 [J]. 经济地理，2010，30 (4).

[16] 黄薇，陈进. 跨流域调水水权分配与水市场运行机制初步探讨 [J]. 长江科学院院报，2006，23 (1).

[17] 刘强，黄薇，桑连海. 我国跨流域调水管理问题探讨 [J]. 长江科学院院报，2006，23 (6).

[18] 陈玉恒. 国外大规模长距离跨流域调水概况 [J]. 南水北调与水利科技，2002，23 (3).

[19] 王宏江. 跨流域调水系统研究与实践 [J]. 中国水利，2004 (11).

[20] 吴畏. 美国跨流域调水工程的管理体制与特点 [J]. 人民长江，1998 (9).

[21] 刘强，唐纯喜，桑连海. 美国跨流域调水管理借鉴 [J]. 长江科学院院报，2011，28 (12).

[22] 陈椿庭. 美国两项跨流域调水工程和技术特点 [J]. 南水北调与水利科技，2003，1 (5).

[23] 才惠莲. 美国跨流域调水立法及其对我国的启示 [J]. 武汉理工大学学报：社会科学版，2009，22 (2).

[24] 杨云彦，凌日平. 跨流域调水工程管理体制的变迁及其启示：兼议南水北调工程管理体制 [J]. 水利经济，2008，26 (1).

[25] 丁民. 对南水北调工程管理问题的几点思考 [J]. 南水北调与水利科技，2003，1 (4).

[26] 邵伟. 浅谈当前我国铁路信息化建设现状及发展 [J]. 世界家苑，2013.

[27] 易恺. 技术创新对我国铁路运输企业运营管理的影响与对策研究 [D]. 贵阳：贵州大学，2006.

［28］张旭．精细化管理在铁路快运企业成本管理中的运用［D］．北京：北京交通大学，2008．

［29］胡文国，吴栋．南水北调工程运营机制和管理体制研究［J］．经济体制改革，2007（4）．

［30］蒲旭章．浅论新时期铁路运输企业的成本控制管理［J］．财经界：学术版，2014（19）．

［31］张翠珍．浅谈铁路运输企业的成本管理与控制［J］．中小企业管理与科技旬刊，2011（19）．

［32］尹皎．铁路运输企业成本控制措施探讨［J］．中国总会计师，2013（5）．

［33］陈昌环．高速公路运营成本控制问题研究［D］．西安：长安大学，2014．

［34］赵波．我国高速公路运营管理模式研究［D］．重庆：重庆交通大学，2013．

［35］王丙．SD 高速公路经营性企业风险控制研究［D］．西安：陕西师范大学，2013．

［36］傅子津．浅议如何提升供水企业管理水平与经济效益的思考［J］．财经界，2016．（4）．

［37］毛春梅，蔡成林．英国、澳大利亚取水费征收政策对我国水资源费征收的启示［J］．水资源保护，2014（2）．

［38］彭定赟，肖加元．俄、荷、德三国水资源税实践：兼论我国水资源税费改革［J］．涉外税务，2013（4）．

［39］蔡成林，毛春梅．我国取水权有偿取得模式研究［J］．南水北调与水利科技，2013（5）．

［40］史丹，何辉．水资源费征收存在的问题及政策建议［J］．经济研究参考，2014（63）．

［41］马克和．国外水资源税费实践及借鉴［J］．税务研究，2015（5）．

［42］扎贝尔 T F，安德鲁斯 K，雷斯 Y，等．欧盟一些成员国在水管理中经济手段的运用［J］．水利水电快报，2000（24）．

［43］王敏，李薇．欧盟水资源税（费）政策对中国的启示［J］．财政研究，2012（4）．

后　记

水是生命之源、生产之要、生态之基。当前，我国水安全形势严峻，水资源短缺、水生态损害、水环境污染等问题严重。南水北调工程是缓解我国北方水资源严重短缺局面的重大战略性工程。根据国务院批准的《南水北调工程总体规划》等文件，工程通过水源置换，减少地下水开采量，使地下水生态环境得到休养。然而，由于取用地下水成本低廉，目前受水区城市生产生活用水大部分仍要靠超采地下水来维持，地下水继续超采的倒挂现象使南水北调工程面临投资浪费和受水区生态环境继续恶化的风险。东、中线一期工程通水后，南水北调工程运行管理仍面临着一系列挑战，特别是维护成本高、还贷压力大、部分地区实缴水费远不能覆盖成本等问题比较突出。抓紧研究制定合理的受水区地下水水资源费和科学的供水成本控制机制，努力实现南水北调工程安全、平稳、高效的运行，促进水资源的优化配置，相关理论和实务工作者责无旁贷。

近年来，在国家发展改革委价格司、国务院南水北调办、水利部的大力支持下，国家发展改革委经济体制与管理研究所长期关注供水价格体系改革，组织了由姬鹏程牵头的稳定研究团队，自 2006 年起，连续多年开展水价改革问题研究。先后于 2006 年进行了东北地区的水价调研、全国范围的水价调研，2007 年重点针对污水处理费进行专门研究，2008 年重点对水资源费征收标准进行研究，2009—2010 年重点对水资源费与水价关系进行研究，2015 重点对南水北调工程受水区地下水水资源费征收标准进行研究，2016 年重点对南水北调工程运行初期供水成本控制进行研究，形成了一系列研究报告，《百年工程　千秋大业——南水北调工程水资源费和供水成本控制研究》一书就是在此基础上的全面深入扩展。

本书具有以下鲜明的特点：一是南水北调工程受水区地下水水资源费和供水成本控制的系统性、关联性很强，研究对完善供水价格体系，努力实现南水北调工程安全、平稳、高效运行，优化水资源配置具有重要意义；二是调研充分、内容丰富、思路清晰、结构合理，在大量数据调查和内部资料的基础上，对南水北调工程受水区地下水水资源费和供水成本控制现状进行梳理分析，并借鉴国外经验，提出南水北调工程受水区地下水水资源费和运行初期供水成本控制优化的目标、思路、主要任务和政策建议，具有重要的决策参考价值；三是重点从不同水源的可替代性、水资源的使用权、本地与外调水水资源的优化配置、用水户的可承受能力 4 个角度来研究受水区地下水水资源费征收标准的适度区间；主要从制度规范、流程优化、预算管理、技术创新等方面提出了南水北调工程运行初期供水成本控制的主要举措，研究具有一定的开创性，审查验收专家组和课题委托方给予较高评价。

本书的完成是各方共同努力的结果，值此出版之际，特别感谢国家发展改革委价格司、国务院南水北调办和水利部有关领导的大力支持和帮助。感谢国家发展改革委经济体制与管理研究所各位领导的关心及为本书写作所创造的良好环境，感谢各地价格管理部门、南水北调管理运行机构和相关企业在调查数据取得过程中的积极沟通和配合。特别感谢国务院南水北调办公室邓文峰副处长、国家发改委价格司辛培彦副处长对研究报告提出了许多宝贵的修改意见，感谢常兴华、李志超、苏明中、余应敏、柳长顺、欧阳志远、刘文、张贵祥、王力军等专家参与课题的开题、中期评审和终期评审，并提出宝贵意见和建议，推动并见证了本书的完成。蒋同明博士对本书的撰写做出了重要贡献。李晓琳、赵雪峰、李红娟、于娟、杨晋强等参与了部分专题的写作，郑欣参与了课题协调，韩晖博士为本书出版做了大量辛勤的工作，在此一并表示感谢！

南水北调工程供水涉及内容广泛，系统性要求高，研究难度大，希望本书的探索性研究能为努力实现南水北调工程安全、平稳、高效运行尽一份力，起到一定的借鉴和参考作用。我们深知本书的研究仍有待完善，希望同行专家和各位读者提出宝贵的意见和建议。

姬鹏程

2017 年 3 月